Lehrmittel für gewerbliche Berufsschulen

Herausgegeben von

Professor Horstmann
Ministerialrat in Berlin

Professor Hecker
Oberregierungs- u. Gewerbeschulrat in Kassel

Oberschulrätin Fuhr
in Berlin

Heft 4

Fachkunde für Maschinenbauer

und verwandte Berufe an gewerblichen Berufsschulen

III. Teil: Kraftmaschinen, Hebemaschinen und Pumpen

von

K. Uhrmann und F. Schuth

Sechste Auflage

Springer Fachmedien Wiesbaden GmbH

Lehrmittel
für gewerbliche Berufsschulen

Herausgegeben von Ministerialrat Prof. R. Horstmann, Oberreg.- und Gewerbeschulrat Prof. W. Hecker und Oberschulrätin G. Fuhr

Heft 1: *[9101]* **Rechenbuch für Maschinenbauerklassen.** Von Gewerbeschulrat K. Uhrmann und Dir. Ing. F. Schuth. 6. Aufl. Mit 132 Fig. Lösungen dazu.

Heft 2/4: *[9102/4]* **Fachkunde für Maschinenbauerklassen.** Teil I: Rohstoffkunde. Von Gewerbeschulrat K. Uhrmann u. Dir. Ing. F. Schuth. 7. Aufl. Mit zahlr. Abb. im Text u. 4 Tafeln mit Beispielen als Anhang. Teil II: Arbeitskunde. Bearb. von Studiendirektor Ingenieur O. Stolzenberg. 5. Aufl. Mit 395 Abb. Teil III: Kraftmaschinen, Hebemaschinen und Pumpen. Von Gewerbeschulrat K. Uhrmann und Dir. Ing. F. Schuth. 6. Aufl. Mit 118 Abbildungen. Ausgabe für die Praxis: Teil 1—3 zusammengebunden.

Heft 5: *[9105]* **Buchstabenrechnen für Metallarbeiterklassen an gewerblichen Berufsschulen, für Werkschulen und verwandte Fachschulen der Maschinenindustrie.** Von Studienrat Dipl.-Ing. Prof. Dr. S. Jakobi und Maschinenbauschuloberlehrer A. Schlie. 3. Aufl. Mit 32 Abbildungen.

Heft 6: *[9106]* **Fachrechenaufgaben für Maschinenbauer.** Von Studiendirektor Ing. O. Stolzenberg. Mit 44 Abbildungen im Text.

Heft 7/8: *[9107/8]* **Fachkunde für Mechanikerklassen.** Teil I: Rohstoffkunde. Von Oberingenieur R. Müller. 2. Aufl. Mit 15 Abb. Teil II: Arbeitskunde. Von Oberingenieur M. Nelzow. [In Vorb. 1928.] Teil III: S. Heft 10.

Heft 9 (Ausg. A.): *[9109 A]* **Fachkunde für Schneiderklassen.** Materialien- u. Arbeitskunde. Von Gewerbeoberlehrer H. Nerger. 3. Aufl. Mit 105 Abbildungen.

Heft 9 (Ausg. B.): *[9109 B]* **Fachkunde für Schneiderinnenklassen.** Materialien- und Arbeitskunde. Von Gewerbeoberlehrer H. Nerger und Gewerbeoberschullehrerin und Schneidermeister M. Giesler. 2. Aufl. Mit 75 Abbildungen.

Heft 10: *[9110]* **Fachkunde für Mechanikerklassen.** Teil III: Apparate u. Instrumente. Von Dir. M. Fölmer. [In Vorb. 1928.] Teil I und II: Siehe Heft 7/8.

Heft 11/13: *[9111/13]* **Modellieren und Ergänzungszeichnen** für Maschinenbauer-, Mechaniker- und Werkzeugmacherklassen. Teil I: Unterstufe. Von stellvertr. Berufsschuldir. H. Leben und Berufsschuldir. H. Seidel. 3. Aufl. Mit 11 Abb. i. T. u. 32 Tafeln. Teil II: Mittelstufe. Von stellvertr. Berufsschuldir. H. Leben u. Oberstudienrat Prof. F. Schindler, Leiter des staatl. Gewerbelehrersem. zu Berlin. 2. Aufl. Mit 7 Abb. im Text u. 30 Tafeln. Teil III a: Oberstufe für Maschinenbauer und Werkzeugmacher. Von stellvertr. Berufsschuldir. H. Leben und Oberstudienrat Prof. F. Schindler, Leiter d. staatl. Gewerbelehrersem. zu Berlin. Mit 6 Werkstattzeichnungen. Teil III b: Oberstufe für Mechaniker. Von stellvertr. Berufsschuldir. H. Leben und Oberstudienrat Dipl.-Ing. Prof. F. Schindler, Leiter des staatl. Gewerbelehrerseminars zu Berlin.

Heft 14: *[9114]* **Rechenbuch für Bauschlosserklassen.** Von Fachschuloberlehrer W. Bonnemann und Dir. Ing. F. Schuth. 2. Aufl. Mit 140 Figuren.

Heft 15: *[9115 a–i]* **Zeichen- und Modellierübungen zur Entwicklung des räumlichen Vorstellungsvermögens.** Von Oberreg.- u. Gewerbeschulrat Prof. W. Hecker und Reg.- und Gewerbeschulrat Dipl.-Ing. G. Gagel. 9 Mappen mit je 11 Blatt. Die Blätter sind auch einzeln lieferbar.

Heft 16a, b u. c: *[9116 a–c]* **Modellieren und Fachzeichnen für Bauschlosser** unter besonderer Berücksichtigung der Fachkunde. Von stellvertr. Berufsschuldir. H. Leben und Fachschuloberlehrer W. Bonnemann. In 2 Teilen. Teil 1 (a): Unterstufe. Mit Abb. im Text u. 30 Tafeln. Teil 2 (b): Mittelstufe u. Oberstufe für Gitterbau. Mit 30 Taf. Teil 2 (c): Mittel- u. Oberstufe für Beschläge, Schloßbau u. Feinkonstruktion. Mit 8 Fig. u. 32 Tafeln.

Heft 17: *[9117]* **Lehr- und Aufgabenbuch der Geometrie.** Von Dr. H. Grünbaum. Bearb. von Studiendir. Prof. Dr. G. Wiegner. Ausg. A: Grundbegriffe und Grundlehren der Planimetrie u. Stereometrie für gewerbl. Lehranst. (Berufs- u. Fachschulen.) 3. Aufl. Mit 164 Fig. i. T. (Fortsetzung siehe 3. Umschlagseite.)

Die Nummern in Schrägschrift sind Bestellnummern, deren Anwendung allein Gewähr für ein reibungsloses Lieferungsverfahren bietet.

Ausführliches Verzeichnis: Lehrmittel und Hilfsbücher für gewerbliche Berufsschulen und andere gewerblich-technische Lehranstalten kostenlos und postfrei erhältlich vom Verlag, Leipzig, Poststr. 3

Springer Fachmedien Wiesbaden GmbH

Lehrmittel für gewerbliche Berufsschulen

Herausgegeben von

Professor Horstmann
Ministerialrat in Berlin

Professor Hecker
Oberregierungs- u. Gewerbeschulrat in Kassel

Oberschulrätin Fuhr
in Berlin

Heft 4

Fachkunde für Maschinenbauer

und verwandte Berufe
an gewerblichen Berufsschulen

III. Teil:
Kraftmaschinen, Hebemaschinen und Pumpen

von

K. Uhrmann und **F. Schuth**
Gewerbeschulrat der Stadt
Köln

Direktor d. Fach- u. Berufsschule
für Industrie, Düsseldorf

Sechste Auflage

Mit 118 Abbildungen

Springer-Verlag Berlin Heidelberg GmbH 1928

ISBN 978-3-663-15436-5   ISBN 978-3-663-16007-6 (eBook)
DOI 10.1007/978-3-663-16007-6

Vorwort zur 1. bis 6. Auflage.

Für den Unterricht in der Berufsschule ist die Zeit sehr knapp bemessen. Auf die für den Maschinenbauerlehrling so wichtige Fachkunde können wöchentlich höchstens $1-1\frac{1}{2}$ Stunden verwandt werden, wenn nicht die andern Unterrichtsfächer darunter leiden sollen. Erfahrungsgemäß sind die Unterrichtsergebnisse nicht von Dauer, wenn sie nicht schriftlich festgelegt sind und für die Wiederholung vorliegen.

Infolgedessen sieht sich der Lehrer gezwungen, die Lehrstoffe am Schluß des Unterrichts niederschreiben oder ausarbeiten zu lassen. Dabei geht viel Zeit verloren, die besser für eine Vertiefung des Verständnisses angewandt werden könnte.

Vorliegende Fachkunde soll die Niederschrift ersetzen; sie ist für die Hand der Schüler bestimmt und bringt den Lehrstoff in einer leichtfaßlichen, dem Verständnis des Schülers angepaßten Form. Dem Lehrer muß es überlassen bleiben, den Unterrichtsstoff in lebendiger Weise mit den Schülern zu erarbeiten. Die vorliegende Fachkunde gibt dem Schüler das Unterrichtsergebnis in die Hand, um es festhalten und wiederholen zu können.

Zahlreiche Abbildungen im Text dienen zur Erläuterung und bilden ein vorzügliches Anschauungsmittel.

Die Fachkunde zerfällt in drei Teile. Der I. Teil behandelt die **Rohstoffkunde** und ist für die Unterstufe bestimmt, der II. Teil bringt die **Arbeitskunde** für die Mittelstufe und der III. Teil die **Kraftmaschinen, Hebemaschinen und Pumpen** für die Oberstufe.

Vielfachen Wünschen entsprechend, wurde das Buch durch einen Abschnitt über den Automobilmotor erweitert. Herrn Gewerbeoberlehrer Gäßler der IndustrieBerufsschule Düsseldorf sei auch an dieser Stelle für seine Mitarbeit bei der Ausarbeitung dieses Abschnittes gedankt.

Die bisherigen Auflagen haben schnell Absatz gefunden, woraus geschlossen werden darf, daß die Fachkunde ihrem Zweck entspricht. Wir hoffen, daß sie sich auch weiterhin bewähren und neue Freunde erwerben wird.

Köln u. Düsseldorf, im März 1928.

Die Verfasser.

III. Teil: Kraftmaschinen.

A. Die Kraftmaschinen.

1. Allgemeines.

Die im Maschinenbau zur Bearbeitung der Werkstücke sowie die zum Fort=
bewegen von festen, flüssigen und gasförmigen Körpern erforderlichen Maschinen
(Drehbänke, Hobelmaschinen, Fräsmaschinen, Bohrmaschinen, Krane, Seilbahnen,
Pumpen, Gebläse, Ventilatoren usw.) sind Arbeitsmaschinen. Sie müssen ange=
trieben werden, wenn sie die verlangte Arbeit verrichten sollen. Der Antrieb erfolgt
durch die Antriebs= oder Kraftmaschinen (Dampfmaschine, Dampfturbine,
Gasmotor, Elektromotor usw.).

a) Kraft.

Um einen Wagen zu ziehen, ein Gewicht zu heben, einen Eisenstab zu biegen,
eine Feder zu spannen oder eine Maschine zu treiben, ist eine bestimmte Kraft er=
forderlich. Die Größe der Kraft wird in kg gemessen.

b) Arbeit.

Wird durch eine Kraft eine Bewegung verursacht, z. B. ein Wagen gezogen,
so überwindet die Kraft auf einem gewissen Wege einen Widerstand. Eine
solche Kraftwirkung bezeichnet man als Arbeit. Die Größe der Arbeit hängt ab:

1. von der Länge des zurückgelegten Weges;
2. von der Größe des Widerstandes.

Wird z. B. ein Wagen von 1000 kg Widerstand 10 m fortgezogen, so ist die
Arbeit zehnmal so groß, als wenn er nur 1 m fortbewegt würde oder nur 100 kg
Widerstand hätte.

Die Arbeit wird in mkg (Meterkilogramm) gemessen. 1 mkg ist die
Arbeit, durch die auf einem Wege von 1 m ein Widerstand von 1 kg überwunden
wird. Wird z. B. ein Gußstück von 100 kg 2 m hoch gehoben, so hat man eine
Arbeit von 100 · 2 = 200 mkg verrichtet. Es ist also:

$$\text{Arbeit (mkg)} = \text{Kraft (kg) mal Weg (m)}.$$

Bezeichnet man die Arbeit mit dem Buchstaben „A", die Kraft mit „P" und
den Weg mit „s", so ergibt sich in Buchstaben ausgedrückt:

$$A_{mkg} = P_g \cdot s_m.$$

c) Leistung.

Um eine Arbeit zu beurteilen, muß man noch die Zeit berücksichtigen, in der
sie ausgeführt wird. Man stellt deshalb fest, wieviel Arbeit (mkg) in 1 Sekunde (s)
verrichtet wird. Die Arbeit in 1 Sekunde (mkg/s) nennt man Leistung. Werden
z. B. durch einen Aufzug 1000 kg in 5 s 20 m hoch gehoben, so ist:

1. Die Arbeit = 1000 kg $\times$ 20 m = 20 000 mkg;
2. Die Leistung = 20 000 mkg : 5 = 4000 mkg/s.

Hätte man nicht 5 Sekunden, sondern 10 Sekunden gebraucht, so wäre die
Leistung 20 000 mkg : 10 = 2000 mkg/s, also nur halb so groß gewesen.

Handelt es sich um große Leistungen, z. B. bei Dampfmaschinen, so wendet man die Pferdestärke (P S) als Maß für die Leistung an. Unter einer Pferdestärke versteht man die Arbeitsleistung von 75 mkg in 1 s.

$$1 \text{ P S} = 75 \text{ mkg/s.}$$

Die Leistung einer Maschine wird in der Technik mit dem Buchstaben „N" bezeichnet.

Beispiel: Durch einen Kran werden 3000 kg in 20 s 10 m hoch gehoben. Wie groß ist die Leistung in Pferdestärken?

1. $A = 3000$ kg $\cdot$ 10 m $= 30\,000$ mkg;

2. $N = 30\,000$ mkg $: 20 = 1500$ mkg/s;

3. N in P S $= 1500 : 75 = 20$ P S.

Bei allen Maschinen haben wir bewegliche Teile (Kolben, Wellen, Kreuzköpfe, Hebel usw.). Es ergeben sich in der Maschine Bewegungshindernisse durch Reibung, Luftwiderstand usw. Zur Überwindung dieser Bewegungshindernisse wird eine bestimmte Menge Arbeit in der Maschine selbst verbraucht und kann somit nicht von ihr abgegeben werden. Man unterscheidet daher:

1. Die theoretische Leistung (N_t). Hierunter versteht man die Leistung einer Maschine, die sich ergeben würde, wenn keine Verluste durch Reibung usw. in ihr vorhanden wären.

2. Die Nutzleistung (N_n). Es ist die Leistung, die eine Maschine nutzbringend abgibt. Sie wird immer kleiner sein als die theoretische Leistung.

Das Verhältnis der Nutzleistung zur theoretischen Leistung nennt man den Wirkungsgrad einer Maschine. Der Wirkungsgrad einer Maschine wird meistens in Prozenten (%) ausgedrückt und mit dem griechischen Buchstaben η (sprich: „Eta") bezeichnet. Es ist also:

1. Wirkungsgrad $= \dfrac{\text{Nutzleistung}}{\text{theoretische Leistung}}$ oder in Buchstaben: $\eta = \dfrac{N_n}{N_t}$.

Durch Überlegung ergibt sich:

2. Nutzleistung $=$ Theoretische Leistung $\times$ Wirkungsgrad oder in Buchstaben:
$$N_n = N_t \cdot \eta.$$

3. Theoretische Leistung $= \dfrac{\text{Nutzleistung}}{\text{Wirkungsgrad}}$ oder in Buchstaben: $N_t = \dfrac{N_n}{\eta}$.

Beispiel: Ein Gasmotor hat $N_n = 172$ PS und $N_t = 200$ PS. Wie groß ist der Wirkungsgrad des Gasmotors?

$$\text{Wirkungsgrad } \eta = \frac{N_n}{N_t} = \frac{172}{200} = 0{,}86 = 86\%.$$

Von der Arbeit, die das Gas im Gasmotor leistet, werden also 86% nutzbringend abgegeben. 14% der aufgewendeten Arbeit gehen durch Reibung verloren.

d) Atmosphäre.

Die Spannung oder der Druck von Dämpfen und Gasen wird in Atmosphären (at) gemessen. Wie der Name schon sagt, rührt diese Bezeichnung her von dem Druck der atmosphärischen Luft auf die Erdoberfläche. Dieser Druck beträgt etwa 1 kg (genau 1,0334 kg) auf jedes cm² der Erdoberfläche. Es ist also:

$$1 \text{ at} = 1 \text{ kg Druck auf } 1 \text{ cm}^2.$$

Beispiel: Der Kolben einer Dampfmaschine hat einen Querschnitt von 855,3 cm². Der Dampfdruck beträgt 10 at. Wie groß ist der Druck auf den Kolben?

1. 10 at = 10 kg Druck auf 1 cm²;

2. Druck auf den Kolben = 855,3 · 10 = 8553 kg.

Bei der Angabe des Dampfdruckes ist zu unterscheiden zwischen Überdruck und absolutem Druck. Der Überdruck gibt an, um wieviel die Spannung des Dampfes den Druck der atmosphärischen Luft übersteigt. Bei 9 at Überdruck z. B. ist der Druck des Dampfes um 9 at größer als der atmosphärische Luftdruck (Abb. 1). Die Manometer an Dampfkesseln usw. zeigen Überdruck an.

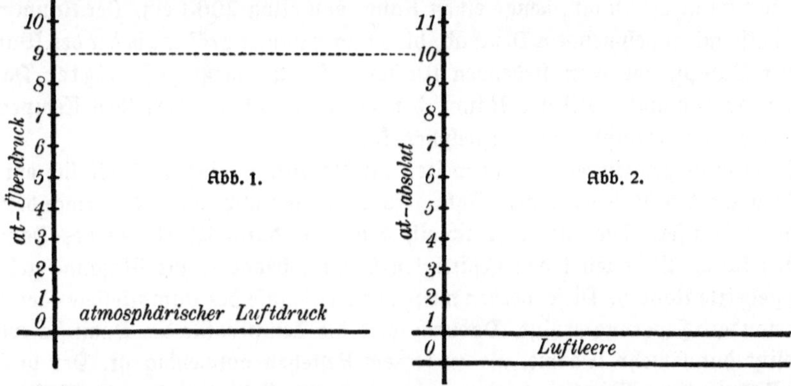

Der absolute Druck gibt an, um wieviel die Spannung des Dampfes von der Luftleere abweicht. 10 at absoluter Druck heißt demnach, daß die Spannung des Dampfes 10 at über der Luftleere liegt (Abb. 2). Dies würde einem Überdruck von 9 at entsprechen (Abb. 1 und 2).

2. Die Dampfkessel.

a) Zweck.

Der Wasserdampf ist die bewegende Kraft der Dampfmaschine. Außerdem findet er Verwendung bei Dampfheizungen und in Dampfkochapparaten. Er wird im Dampfkessel erzeugt.

b) Wasserdampf.

Erhitzt man Wasser, so bildet sich Wasserdampf, und zwar zunächst nur an der Oberfläche. Steigt die Temperatur bis zum Siedepunkt, so beginnt das Wasser zu kochen oder zu sieden. Es bilden sich in dem siedenden Wasser Dampfblasen, welche aufsteigen und an der Oberfläche zerplatzen. Dieser Wasserdampf ist wie die Luft farblos. Die bekannten weißen Nebel, die man gewöhnlich Dampf nennt, sind winzige Wassertröpfchen, die sich aus dem Dampf durch Abkühlung gebildet haben.

Die Temperatur, bei der das Wasser siedet, hängt von dem Druck ab, der auf ihm lastet. In einem offenen Gefäß steht das Wasser unter dem Druck der Luft, also unter einem Druck von 1 at. Es siedet dann bei 100° C und läßt sich darüber hinaus nicht erhitzen. Alle Wärme, die dem Wasser weiter zugeführt wird, dient dazu, es in Dampf zu verwandeln.

Bringt man Wasser in einem geschlossenen Gefäß zum Sieden, z. B. in einem Dampfkessel, so ist die Siedetemperatur eine andere. Der Dampf kann nicht entweichen und verstärkt den Druck auf das Wasser. Damit sich die Dampfblasen im Wasser auch bei diesem verstärkten Druck bilden können, muß das Wasser stärker erwärmt werden. Bei einem Dampfdruck von 10 at beträgt die Siedetemperatur z. B. 180° C.

Der Wasserdampf nimmt einen bedeutend größeren Raum ein als das Wasser, aus dem er entstanden ist. Läßt man 1 l Wasser in einem offenen Gefäß verdampfen, so nimmt der entstandene Wasserdampf einen Raum von etwa 1700 l ein. Verdampft man 1 l Wasser unter einem höheren Druck, z. B. bei 10 at in einem Dampfkessel, so nimmt die Dampfmenge einen Raum von etwa 200 l ein. Der Rauminhalt nimmt also mit zunehmendem Druck ab, bleibt aber immer größer als der des Wassers.

Der Dampf, der vom siedenden Wasser aufsteigt, heißt gesättigter Dampf. Er wird so genannt, weil der Raum, den er einnimmt, bei derselben Temperatur keinen weiteren Dampf mehr aufnehmen kann.

Leitet man gesättigten Dampf weiter zur Dampfmaschine, so kühlt sich ein Teil desselben an den Rohrleitungen, Zylinderwandungen usw. ab und verwandelt sich wieder in Wasser. Dies ist ein Nachteil, den man durch Überhitzen des Dampfes beheben kann. Man leitet den gesättigten Dampf, bevor er zur Maschine gelangt, durch geheizte Röhren. Diese werden meist durch Heizgase des Dampfkessels oder durch eine besondere Feuerung erhitzt. Dadurch wird die Temperatur des Dampfes erhöht. Er besitzt dann mehr Wärme, als zu seinem Bestehen notwendig ist. Der so überhitzte Dampf kann Wärme abgeben, ohne daß sich Teile von ihm in Wasser verwandeln. Der überhitzte Dampf hat auch einen größeren Rauminhalt als der gesättigte. Hierdurch wird Dampf gespart. Durch überhitzten Dampf kann eine Kohlenersparnis bis zu 20% erzielt werden. Der Apparat, der zum Überhitzen des Dampfes dient, heißt Überhitzer.

c) Kesselspeisewasser.

Das in der Natur vorkommende Wasser ist stets mit fremden Bestandteilen verunreinigt. Diese setzen sich beim Verdampfen des Wassers im Dampfkessel als Kesselstein oder als Schlamm ab. Beide üben eine schädliche Wirkung aus. Kesselstein und Schlamm setzen sich nämlich an den Kesselwandungen fest. Dadurch wird der rasche Wärmeübergang vom Kesselblech zum Wasser erschwert. Die Heizgase werden für die Erwärmung des Wassers nicht voll ausgenutzt. Außerdem wird das Blech der Kesselwand leicht zu stark erhitzt. Es glüht aus und kann sogar durchbrennen, was Explosionen zur Folge hat.

Das zum Speisen der Dampfkessel benutzte Wasser wird daher vielfach vorher gereinigt. Man unterscheidet eine mechanische und eine chemische Reinigung.

Durch die mechanische Reinigung werden Ton, Lehm, Schlamm usw. entfernt. Sie erfolgt, indem man das Wasser durch eine Kies- oder Koksschicht leitet und so filtriert.

In dem Wasser sind aber stets auch Stoffe aufgelöst, die sich durch Filtrieren nicht entfernen lassen, z. B. Kalksalze und Magnesiasalze. Je nachdem das Wasser viel oder wenig Kalksalze enthält, unterscheidet man hartes und weiches Wasser. Regenwasser ist sehr weich und wäre das beste Wasser zur Kesselspeisung. Die aufgelösten Beimengungen des Wassers werden unschädlich gemacht, indem man dem Wasser vorher Soda oder Kalkwasser zusetzt. Diese bilden mit den Salzen einen Bodensatz, der von Zeit zu Zeit entfernt wird. Das gereinigte Wasser gelangt dann in den Dampfkessel.

Bevor das Kesselspeisewasser in den Kessel gelangt, wird es vielfach vorgewärmt. Die Apparate, die hierzu dienen, nennt man Vorwärmer oder Ekonomiser. Sie bestehen meist aus einer größeren Anzahl von Rohren, die liegend oder stehend nebeneinander angeordnet sind. Die Rohre sind aus Schmiedeeisen, Gußeisen oder Kupfer hergestellt. Das Speisewasser wird langsam durch diese Rohre hindurchgeleitet. Außen werden die Rohre von den abziehenden Heizgasen des Dampfkessels bestrichen. An Stelle der Heizgase benutzt man auch vielfach den Abdampf der Dampfmaschine zum Erwärmen des Speisewassers.

Das Vorwärmen des Speisewassers bietet große Vorteile. Die Heizgase des Dampfkessels, die sonst nutzlos durch den Schornstein ins Freie strömen, werden zweckmäßig ausgenutzt. Dasselbe trifft für den Abdampf der Dampfmaschine zu. Durch die Vorwärmung kann daher wesentlich an Kohle gespart werden.

d) Feuerung der Dampfkessel.

Zum Verdampfen des Wassers im Kessel dient die Feuerung. Als Brennstoff verwendet man Steinkohle, Braunkohle, Koksgrieß, Holzabfälle, Sägemehl usw. Bei Schiffskesseln wird auch Öl benutzt. Die Verbrennung der festen Brennstoffe erfolgt auf einem Rost. Man unterscheidet verschiedene Arten von Feuerungen.

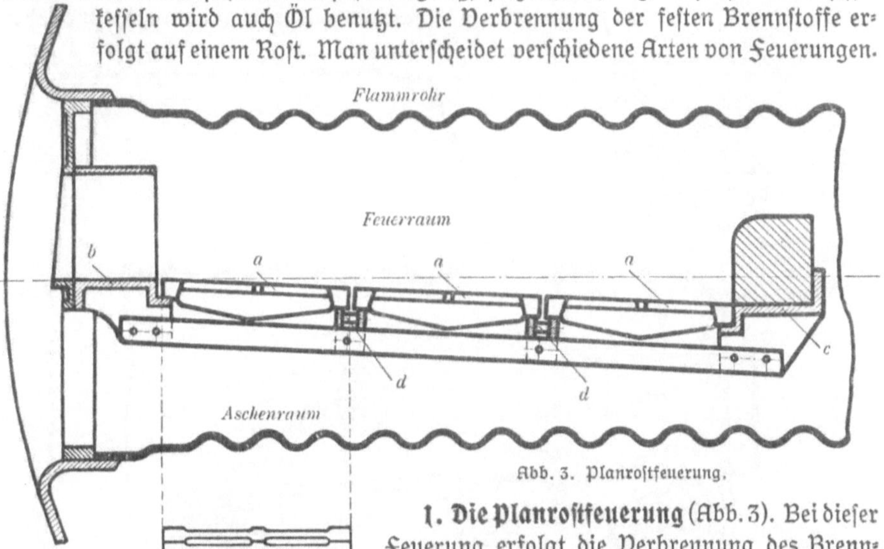

Abb. 3. Planrostfeuerung.

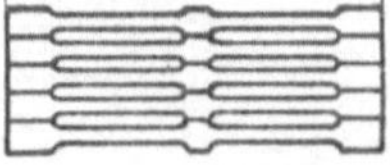

Abb. 3a.

1. Die Planrostfeuerung (Abb. 3). Bei dieser Feuerung erfolgt die Verbrennung des Brennstoffes auf einem ebenen Rost, Planrost genannt. Er besteht aus einzelnen Roststäben

(Abb. 3a). Sie sind auswechselbar und gewöhnlich aus Gußeisen hergestellt. Durch die Rostspalten tritt die zur Verbrennung nötige Luft (Sauerstoff) in den Feuerraum. Bei der Verbrennung entsteht Asche. Diese fällt durch die Spalten in den Aschenraum.

Der Planrost ist meist nach hinten geneigt. Die Roststäbe *a* liegen vorne auf der Schür= oder Schwellplatte *b* (Abb. 3). Hinten sind sie auf der Feuer= brücke *c* gelagert. Bei größeren Rosten liegen 2 oder 3 Roststäbe hintereinander. Diese werden dann durch den Rostträger *d* gestützt. Die Begrenzung des Feuer= raumes nach der Seite und nach oben wird vielfach durch das Kesselblech (Flammrohr) gebildet. In anderen Fällen wird der Feuerraum aus feuerfestem Mauerwerk aus= geführt (Abb. 7).

Bei Bedienung der Planrostfeuerung hat der Heizer auf folgendes zu achten:

a) Die Feuertüre darf beim Aufgeben des Brennstoffes, beim Schüren und Ab= schlacken nicht länger offen bleiben, als unbedingt notwendig ist, damit nicht unnötig kalte Luft eintritt und Wärmeverluste herbeiführt.

b) Der Brennstoff ist in kleinen Mengen aufzugeben, und zwar so, daß er den Rost in gleichmäßiger Höhe bedeckt. Geschieht dies nicht, so findet keine gleichmäßige Verbrennung statt. Durch die dünnen Stellen tritt zu viel Luft, durch die dicken zu wenig ein. Bei ungenügender Verbrennung raucht der Schornstein stark. Dieser Rauch enthält viel Ruß oder unverbrannte Kohle.

2. Die Katapultfeuerung (Abb. 4). Die gewöhn= liche Planrostfeuerung stellt an den Heizer große An= forderungen. Man ist deshalb dazu übergegangen, die Arbeit des Heizers zum größten Teil durch besondere Vorrichtungen zu ersetzen. Bei der Katapultfeuerung z. B. wird

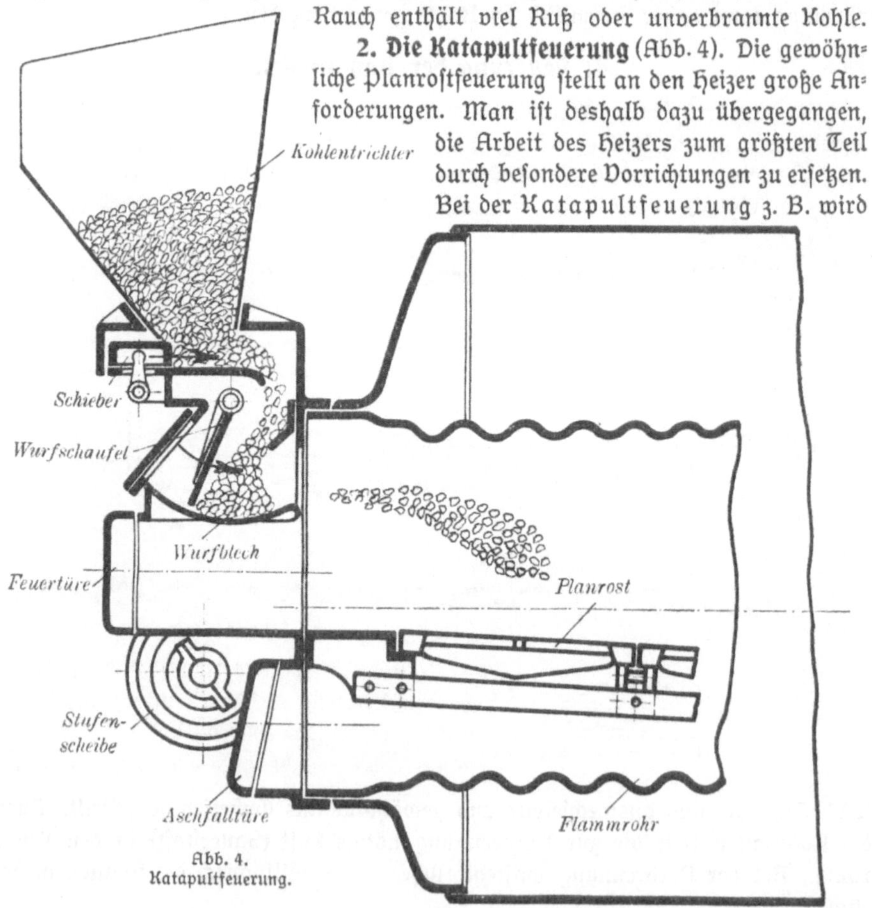

Abb. 4.
Katapultfeuerung.

der Brennstoff nicht von Hand, sondern selbsttätig auf den Rost gebracht. Die Vorrichtung ist an der Stelle befestigt, wo sich sonst die Feuertüre befindet. Sie besteht aus einem Trichter, in den die Kohle in größeren Mengen eingefüllt wird. Aus diesem gelangt sie auf ein Wurfblech. Durch eine selbsttätige Wurfschaufel wird die Kohle dann in drei verschiedenen Wurfweiten auf den Rost geworfen. Der Antrieb der Wurfschaufel erfolgt von einer Transmission aus, oder durch einen besonderen Elektromotor. Die Schaufel wird dabei durch eine Feder so angespannt, daß abwechselnd der vordere, mittlere und hintere Teil des Rostes beschickt wird. Durch eine besondere Feuertüre kann das Schüren und Abschlacken des Feuers erfolgen. Die Katapultfeuerung eignet sich für gleichmäßigen Brennstoff und gleichmäßigen Betrieb des Kessels.

3. Die Wanderrostfeuerung (Abb. 5). Der Rost besteht hier aus einer Kette ohne Ende. Daher wird diese Feuerung auch Kettenrostfeuerung genannt. Die Kette ist aus einzelnen Roststäben zusammengesetzt. Sie läuft über zwei Kettentrommeln. Die vordere Trommel wird meist durch einen Elektromotor angetrieben. Der Brennstoff gelangt aus einem Trichter auf den Kettenrost und bewegt sich langsam mit diesem nach hinten in den Verbrennungsraum, an dessen hinterem Ende sich eine Feuerbrücke befindet. Diese besteht aus einem Hohlkörper aus Schmiedeeisen, der durch Wasser gekühlt wird. An diesem Hohlkörper ist ein Pendelrost aufgehängt. Dieser ist unterteilt in eine Anzahl Staupendel. Schlacke und Asche stauen sich vor diesem zunächst auf, bis der Druck so stark wird, daß die Pendel ausschlagen. Dadurch können Schlacke und Asche nach hinten in den Aschenraum abgleiten.

Bei der Wanderrostfeuerung geschieht also weder das Aufgeben des Brennstoffes noch das Schüren und Abschlacken von Hand, so daß man die Türen des Feuer= oder

Aschenraumes nicht zu öffnen braucht. Der ganze Wander=rost ist mit Lauf=rädern auf Schie=nen gelagert. Zum Reinigen,

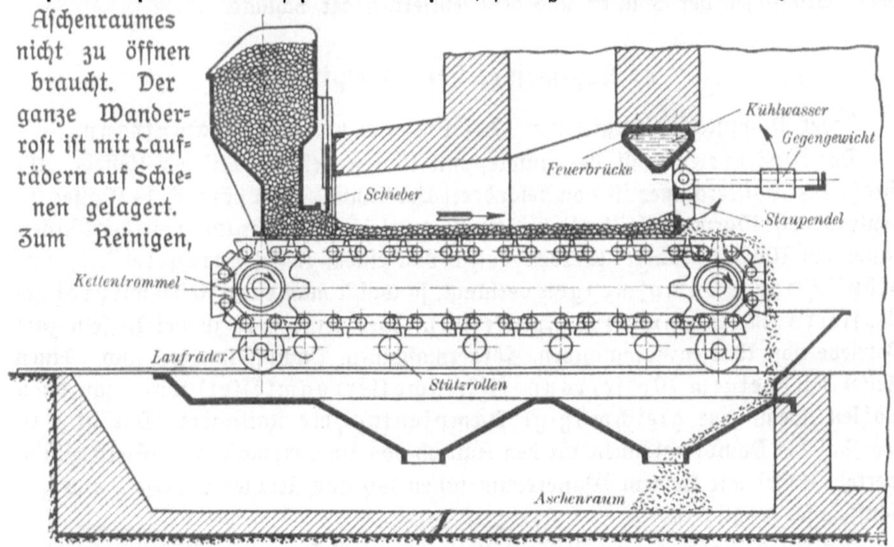

Abb. 5. Wanderrostfeuerung.

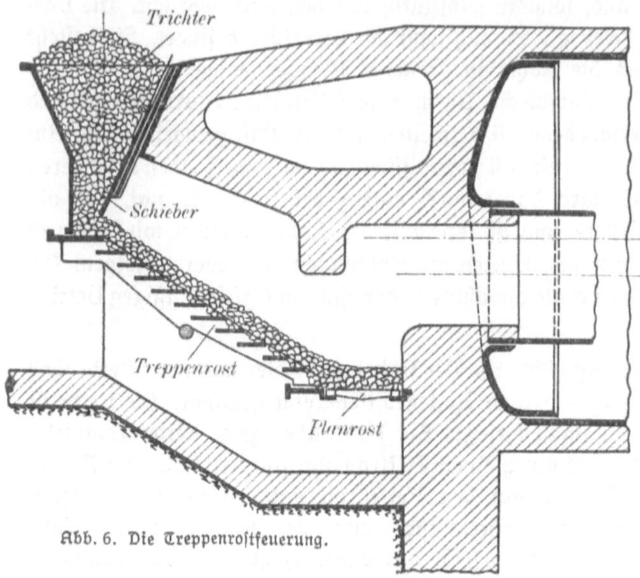

Abb. 6. Die Treppenrostfeuerung.

Einsetzen von neuen Roststäben und bei sonstigen Reparaturen kann er aus der Feuerung herausgefahren werden.

4. Die Treppenrostfeuerung (Abb. 6). Bei dieser Feuerung sind die Roststäbe treppenförmig übereinander angeordnet. Sie sind in seitlichen Wangen gelagert, ähnlich wie die Stufen einer Treppe. Der Treppenrost eignet sich besonders für feinkörnige Brennstoffe, wie Staubkohle, Koksgrieß, Sägespäne, Torf, Lohe usw. Diese Brennstoffe würden beim Planrost zum großen Teil unverbrannt durch die Rostspalten hindurchfallen. Beim Treppenrost bleiben sie auf den einzelnen Treppen liegen und verbrennen. Unten endigt der Treppenrost in einem schmalen Planrost. Hier kann der Brennstoff vollständig ausbrennen. Das Brennmaterial wird dem Rost in der Regel durch einen Trichter zugeführt, und die Zuführung wird durch einen Schieber geregelt. Die Bedienung besteht nur in dem Durchstoßen der Spalten und dem Entfernen der Schlacke.

e) Allgemeines über Dampfkessel.

Jeder Dampfkessel besitzt einen Wasserraum und einen Dampfraum.

Der Wasserraum ist der untere, mit Wasser gefüllte Teil des Kessels. Die Größe des Wasserraumes ist von besonderer Bedeutung. Weil nämlich 1 l Wasser bedeutend mehr Wärme enthält, als 1 l Dampf von gleicher Temperatur, so ist der Wasserraum ein Wärmespeicher. Werden daher von einem Kessel unregelmäßig und plötzlich große Dampfmengen verlangt, so wählt man einen Kessel mit großem Wasserraum (Großwasserraumkessel). Dies trifft z. B. zu bei Kesseln zum Betriebe von Walzenzugmaschinen, Fördermaschinen, Dampfhämmern usw. Einen Kessel mit kleinem Wasserraum (Kleinwasserraumkessel) wird man dann wählen, wenn eine gleichmäßige Dampfentnahme stattfindet. Das ist z. B. der Fall bei Dampfmaschinen für den Antrieb von Dynamomaschinen (Elektrizitätswerke). Kessel mit kleinem Wasserraum lassen sich auch leichter anheizen, was für Schiffskessel wichtig ist.

Der Dampfraum eines Kessels ist der stets mit Dampf gefüllte Raum. Hier soll sich der Dampf von dem mitgerissenen Wasser befreien. Ein großer Dampfraum hat also den Zweck, trockenen Dampf zu liefern. Den abwechselnd mit Dampf und Wasser gefüllten Raum des Keffels nennt man Speiferaum. Er ist der Raum zwischen dem höchsten und niedrigsten Wasserstand.

Die Fläche der Keffelwandungen, die von Heizgafen bestrichen wird, heißt Heiz= fläche.

f) Arten der Dampfkeffel.

1. Der Walzenkeffel (Abb. 7). Er besteht aus einem zylindrischen Gefäß, welches an beiden Enden durch gewölbte oder ebene Böden geschlossen ist. Der vordere Boden wird meist mit einem Vorkopf versehen. Dieser dient zum Befestigen des Wasserstandanzeigers. Der Zylinder ist aus mehreren Teilen, den Keffelschüffen, zusammengesetzt. Die einzelnen Schüffe und die Keffelböden bestehen aus Flußeisen= blech. Sie werden durch Niete dicht miteinander verbunden.

Gewöhnlich ist der Keffel oben mit einem Dampfdom versehen, in dem sich der Dampf zur weiteren Trocknung sammeln soll. Der Dampf wird hier durch ein Absperrventil entnommen. Am Dampfdom ist auch ein Sicherheitsventil angebracht. Ferner ist der Dom mit dem sog. Mannloch versehen. Das Mannloch ist so groß, daß ein Mann durch dasselbe in den Keffel einsteigen kann, um ihn von Keffelstein, Schlamm usw. zu reinigen. Es wird durch den Mannlochdeckel abge= schloffen (Abb. 8).

Die Feuerung befindet sich beim Walzenkeffel in der Regel unter dem= felben. Von der Feuerung gelangen die Heizgafe in den Feuerzug. Hier streichen sie unter dem Keffel und seitlich an demfelben vorbei. Nachdem sie so ihre Wärme an die Keffelwand abgegeben haben, strömen sie in den Fuchs. Von da gelangen

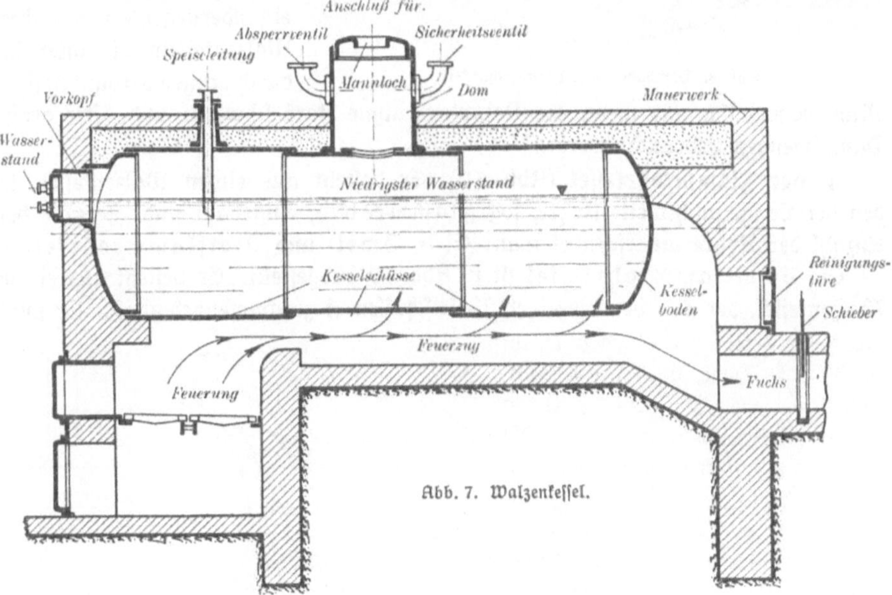

Abb. 7. Walzenkeffel.

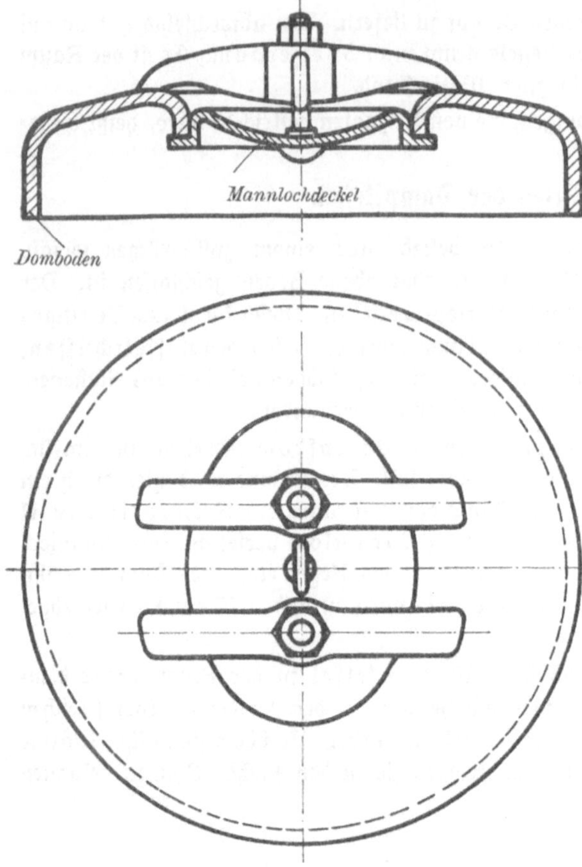

Abb. 8. Domboden mit Mannlochdeckel.

sie durch den Schornstein ins Freie. Zur Lagerung des Kessels sind seitlich an der Kesselwand Winkel aus Guß= oder Schmiedeeisen angenietet, die man Pratzen nennt (Abb. 9). Die Pratzen liegen im Mauerwerk auf, welches den Kessel umgibt.

Der Walzenkessel ist einfach und billig herzustellen und erfordert wenig Reparaturen; er hat jedoch den Nachteil, daß der Feuerzug sehr kurz ist und die Heizgase infolgedessen schlecht ausgenutzt werden. Daher wird er wenig angewandt. Er besitzt von allen Kesselarten den größten Wasserraum, ist also ein Großwasserraumkessel.

2. Der mehrfache Walzenkessel. Er besteht aus mehreren über= oder nebeneinanderliegenden einfachen Walzenkesseln, die unter sich durch Stutzen verbunden sind.

Man wendet ihn an, wenn die Dampfentnahme stark schwankt und öfter große Dampfmengen gebraucht werden.

3. Der Flammrohrkessel (Abb. 10). Er besteht aus einem Walzenkessel, in den der Länge nach weite Rohre, sog. Flammrohre, eingebaut sind. Je nach der Anzahl der Rohre unterscheidet man: Ein=, Zwei= und Dreiflammrohrkessel.

Ein Zweiflammrohrkessel ist in Abb. 10 dargestellt. Er besteht aus einem Walzenkessel, der aus den einzelnen Kesselschüssen A zusammengesetzt ist. Er wird durch die beiden Kesselböden B abgeschlossen. Diese sind mit Einhalsungen versehen, in denen die beiden Flammrohre C vernietet sind. Die Flammrohre sind ebenfalls aus einzelnen Schüssen zusammengesetzt. Abb. 10 zeigt gewellte Rohre. Vielfach wendet man auch glatte Rohre an. Die Wellrohre besitzen eine größere Festigkeit als die glatten Rohre. Sie können der Wärme=

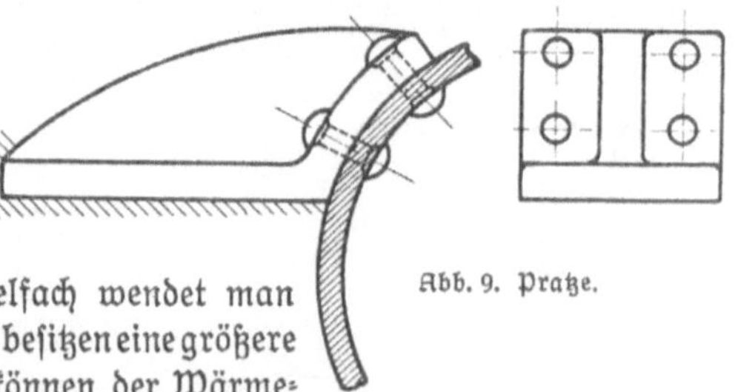

Abb. 9. Pratze.

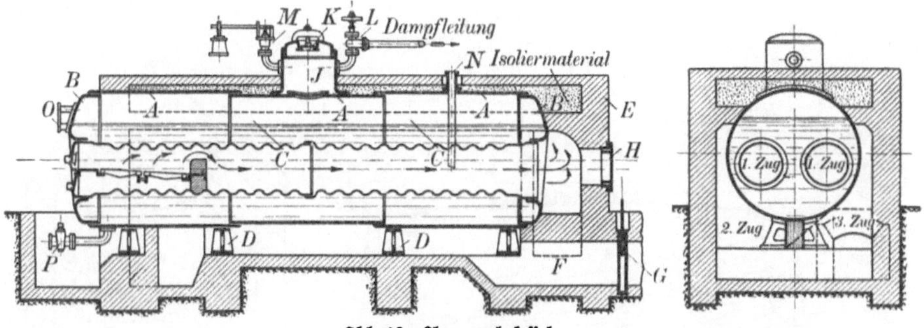

Abb. 10. Flammrohrkeffel.

ausdehnung durch die Feuerung beffer nachgeben. Auch ift die Heizfläche infolge der Wellen größer als bei glatten Rohren. Der ganze Keffel ruht auf gußeifernen Unterfätzen *D* (Keffelftühle) und ift von Mauerwerk *E* umgeben.

Vorne in die Flammrohre find die Feuerungen eingebaut. Es find Planroft= feuerungen. Die Heizgafe, welche fich auf dem Roft entwickeln, ziehen durch die beiden Flammrohre nach hinten. Hier werden fie feitlich an der linken Keffelwand vorbei nach vorne geleitet. Dort ftreichen fie unter dem Keffel um die gemauerte Zunge, welche die linke von der rechten Keffelfeite trennt, nach rechts. An der rechten Keffelwand vorbei gehen fie dann wieder nach hinten. In 3 Zügen umftreichen fie alfo den Keffel. Der 1. Zug geht von vorn nach hinten, der 2. Zug von hinten nach vorn und der 3. wieder von vorn nach hinten. In allen 3 Zügen geben die Heizgafe einen Teil ihrer Wärme ab und gelangen aus dem 3. Zuge endlich in den Fuchs *F* und von da durch den Schornftein ins Freie.

In dem Fuchs *F* ift ein Schieber *G* angebracht. Er läßt fich vom Heizerftand aus bedienen. Durch Öffnen und Schließen des Schiebers kann man den Schorn= fteinzug größer oder kleiner halten.

An der hinteren Wand der Keffeleinmauerung ift eine Reinigungstüre *H* an= gebracht. Von hier gelangt man in die Züge, um fie von Afche und Zugftaub zu reinigen.

Oben auf dem Keffel befindet fich der Dampfdom *J* mit dem Mannloch *K*. Hier ift auch das Hauptabsperrventil *L* und das Sicherheitsventil *M* angebracht. Durch die Speifeleitung *N* wird das Speifewaffer zugeführt. Der vordere Keffelboden trägt 2 Stutzen *O* für einen Wafferftandanzeiger. An der tiefften Stelle des Keffels befindet fich vorn ein Hahn *P*. Er dient zum Ablaffen von Waffer und Schlamm.

Vorteile des Flammrohrkeffels find:

Durch die Flammrohre hat der Keffel eine große Heizfläche. Er läßt fich alfo fchnell anheizen. Die Reinigung des Keffels ift einfach. Er erfordert wenig Repara= turen. Vor allen Dingen ift fein Anfchaffungspreis niedrig.

Nachteile find:

Die Flammrohre haben eine große Hitze auszuhalten. Bei fchlechter Bedienung, insbefondere bei zu niedrigem Wafferftand, können fie leicht durchbrennen. Hierdurch find fchon heftige Explofionen hervorgerufen worden.

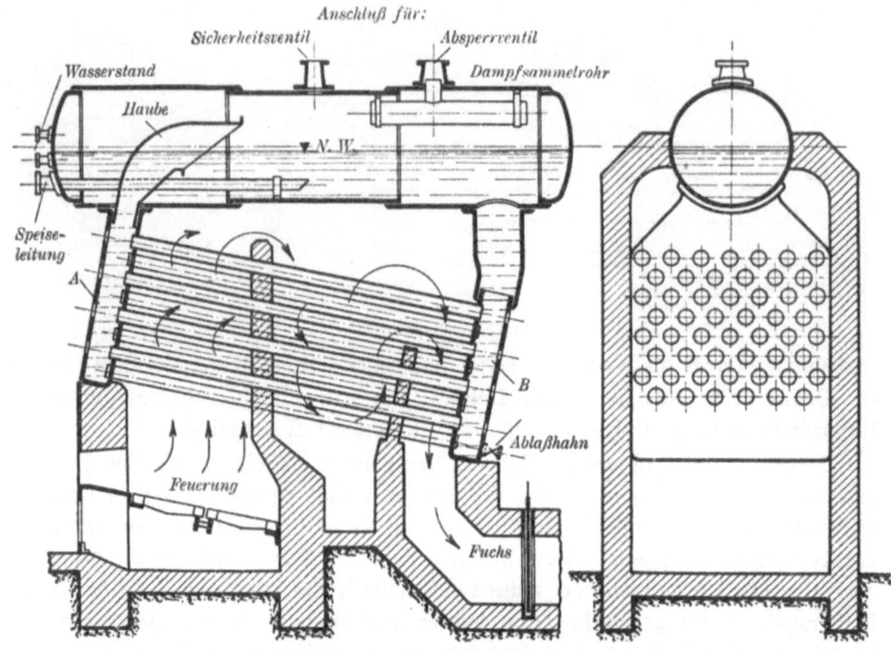

Abb. 11. Wasserrohrkessel.

Anwendung: Die Flammrohrkessel werden sehr viel angewandt. Man findet sie in fast allen Betrieben. Sie gehören zu den Großwasserraumkesseln.

4. Der Wasserrohrkessel (Abb. 11). Er hat einen Oberkessel, der als Walzen= kessel ausgebildet ist. Unter dem Oberkessel befinden sich vorne und hinten kastenartige Kammern (*A* und *B*). Diese Kammern sind durch eine Anzahl Rohre von etwa 100 mm Φ miteinander verbunden. Kammern und Rohre sind mit Wasser gefüllt, daher auch der Name Wasserrohrkessel. Außen werden die Rohre von den Heizgasen umspült. Den einzelnen Rohren gegenüber befinden sich in den äußeren Wänden der Kammern Öffnungen. Durch diese kann man die Rohre von Kesselstein, Schlamm usw. reinigen. Diese Öffnungen werden durch besondere Deckel verschlossen (Abb. 12).

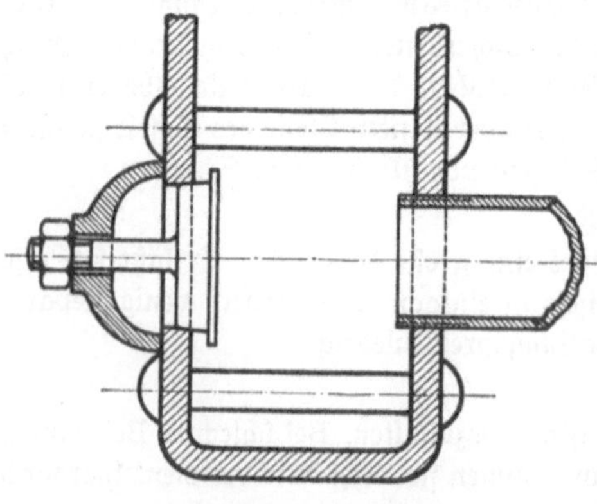

Das Speisewasser tritt durch die Speiseleitung in den Oberkessel ein und gelangt in die Kammern und Wasser= rohre. Durch die Feuerung wird das Wasser in den Rohren erwärmt und ver= dampft. Das erwärmte und mit Dampf= blasen gemischte Wasser steigt durch die vordere Kammer in den Oberkessel. Damit das Wasser hierbei nicht spritzt, ist die vordere Kammer mit einer

Abb. 12. Verschluß der Wasserkammern.

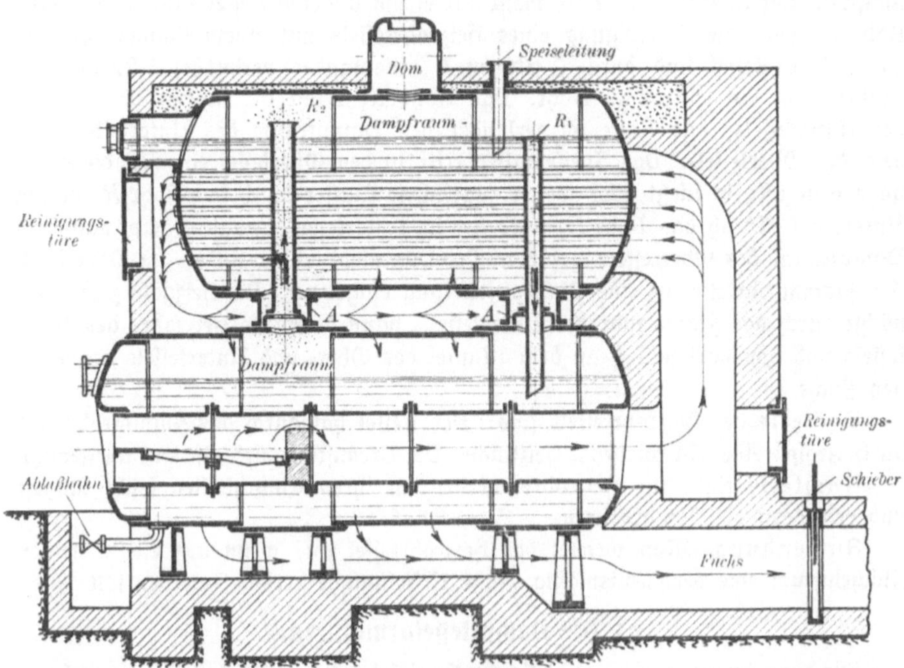

Abb. 13. Heizrohrkeffel.

haube aus Blech verfehen. Sie mündet über dem Wafferfpiegel in den Dampfraum. Aus dem Oberkeffel finkt das Waffer wieder in die hintere Kammer und in die Rohre und zirkuliert fo weiter.

Der Dampf fammelt fich in einem Sammelrohr und tritt vor das Abfperr= ventil. Von hier wird er weiter zur Mafchine geleitet. Der Wafferrohrkeffel (Abb. 11) hat eine Planroftfeuerung. Die Heizgafe umfpülen fchlangenartig das ganze Röhren= bündel und gelangen dann durch den Fuchs in den Schornftein.

Vorteile der Wafferrohrkeffel find:

Die Keffel heizen fich fchnell an, da fie in den Rohren eine große Heizfläche be= fitzen. Sie nehmen wenig Platz in Anfpruch.

Nachteile find: Die verdampfende Wafferoberfläche ift fehr klein. Daher ift der Dampf meift naß. Die Rohre werden an den Einfatzftellen leicht undicht. Ihre Reinigung ift umftändlich und fchwierig. Der Wafferraum des Keffels ift klein. Infolgedeffen fchwankt der Dampfdruck bei unregelmäßiger Entnahme des Dampfes.

Anwendung: Man wendet den Wafferrohrkeffel in Betrieben an, wo eine gleichmäßige Dampfentnahme ftattfindet und der Platz befchränkt ift, z. B. in Elektrizi= tätswerken.

5. Der Heizrohrkeffel (Abb. 13). Er ift ein Walzenkeffel, der nicht von einzelnen weiten, fondern von vielen engeren Rohren durchzogen ift. Durch die einzelnen Rohre ziehen innen die Heizgafe hindurch. Außen werden fie von Waffer umspült. Der Heizrohrkessel wird meist mit einem anderen Kessel zusammengebaut. Abb. 13 zeigt die Vereinigung eines Heizrohrkessels mit einem Flammrohrkessel. Die beiden Kessel sind durch 2 Stutzen A miteinander verbunden. Durch jeden Stutzen geht ein senkrechtes Rohr. Das Rohr R_1 reicht bis in den Wasserraum des Unterkessels; das Rohr R_2 verbindet den Dampfraum des Unterkessels mit dem des Oberkessels. Das Speisewasser tritt in den Oberkessel ein. Ist dieser genügend gefüllt, so fließt alles weiter zugeführte Wasser durch das Rohr R_1 in den Unterkessel. Durch das Rohr R_2 wird der im Unterkessel erzeugte Dampf nach dem Dampfraum des Oberkessels geführt. Die Dampfentnahme findet am Dom statt. Im Flammrohrkessel ist eine Planrostfeuerung eingebaut. Die Heizgase ziehen zunächst durch das Flammrohr des Unterkessels, dann durch die Heizrohre des Oberkessels und von dort seitlich an dem Mantel des Ober- und Unterkessels vorbei in den Fuchs.

Vorteile des Heizrohrkessels sind: Der Kessel hat durch das Flammrohr und die Heizrohre eine sehr wirksame Heizfläche. Der Brennstoff wird also gut ausgenutzt.

Nachteile sind: Die Heizrohre werden an ihren Einsatzstellen leicht undicht und erfordern viel Reparaturen.

Anwendung. Man wendet den Heizrohrkessel an, wenn auf einem kleinen Flächenraum eine verhältnismäßig große Kesselanlage errichtet werden soll.

g) Die Dampfkesselarmaturen.

Für den ordnungsmäßigen und sichern Betrieb der Dampfkessel ist eine Anzahl von Apparaten erforderlich. Diese Apparate bezeichnet man mit Dampfkesselarmatur. Man unterscheidet eine feine und eine grobe Armatur.

Zur feinen Armatur gehören:

1. Das Speiseventil (Abb. 14). Durch dieses Ventil gelangt das Speisewasser aus der Leitung in den Kessel. Es ist so eingerichtet, daß das Wasser aus der Speiseleitung in den Kessel eintreten kann; es verhindert jedoch ein Zurückfließen des Wassers. (Rückschlagventil.)

2. Das Sicherheitsventil (Abb. 15). Durch dieses Ventil soll ein Überschreiten des zulässigen Dampfdruckes im Kessel verhindert werden. Sobald der Dampf einen bestimmten Druck erreicht hat, hebt sich das Ventil, und der Dampf entweicht ins Freie. Durch Verschieben eines Gewichtes kann das Ventil für einen bestimmten Druck eingestellt werden.

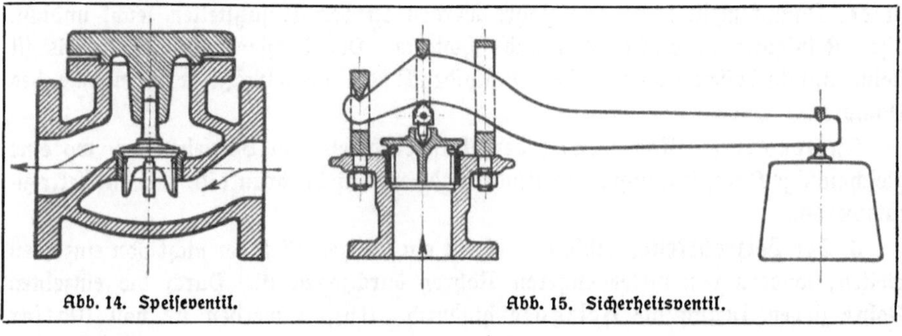

Abb. 14. Speiseventil.   Abb. 15. Sicherheitsventil.

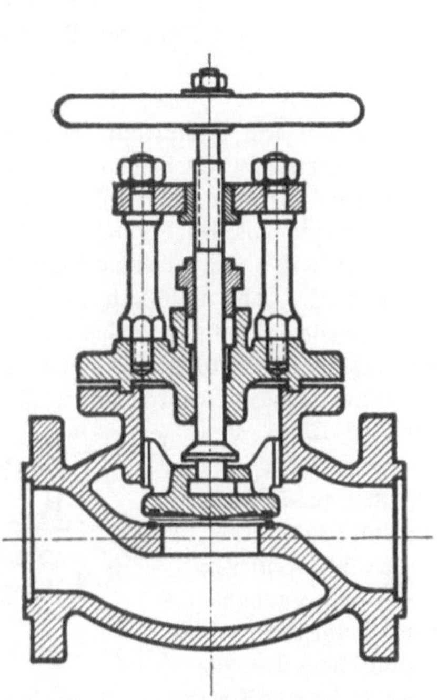

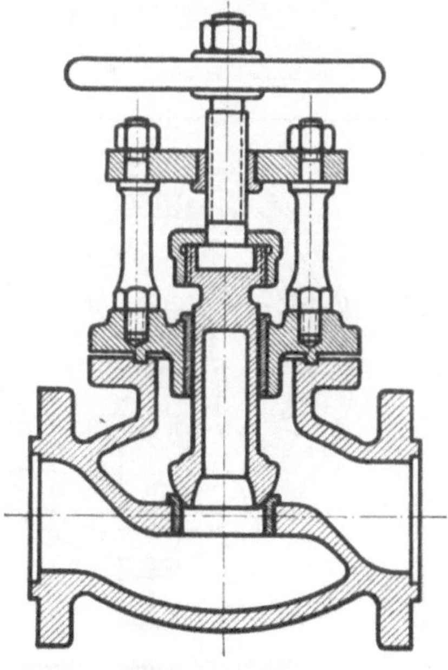

Abb. 16. Durchgangsventil.

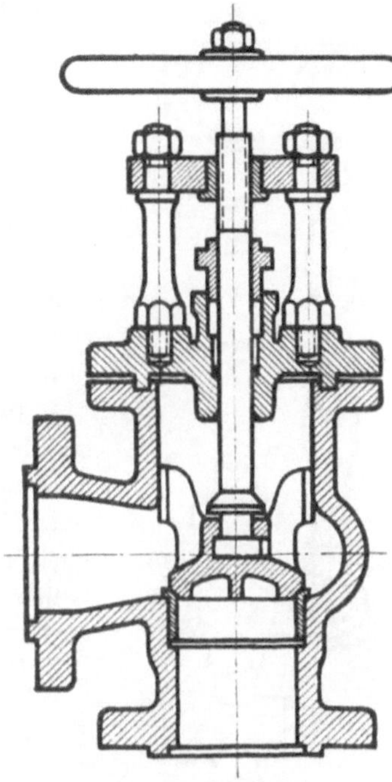

Abb. 17. Eckventil.

3. Das Dampfabsperrventil (Abb. 16 und 17). Es dient zur Absperrung des Dampfaustrittes aus dem Keffel. Je nach Bedarf ist es ein Durchgangsventil (Abb. 16) oder ein Eckventil (Abb. 17).

4. Das Ablaßventil (Abb. 18). Jeder Keffel muß mit einem Ablaßventil versehen fein. Man braucht es zum Ablaffen des Waffers bei der Reinigung oder der Unterfuchung des Keffels. Ferner dient es zum zeitweifen Ablaffen von Schmutz und Schlamm, der fich im Keffel anfammelt. Das Ablaßventil unterscheidet fich von dem gewöhnlichen Abfperrventil im wefentlichen nur durch den Ventilkegel. Diefer ist beim Ablaßventil fchwach konifch gehalten. Es dichtet dadurch leichter ab, auch wenn Schmutz und Schlamm das Ventil verunreinigen. An Stelle des Ventiles nimmt man auch vielfach einen Ablaßhahn.

Abb. 18. Ablaßventil.

2*

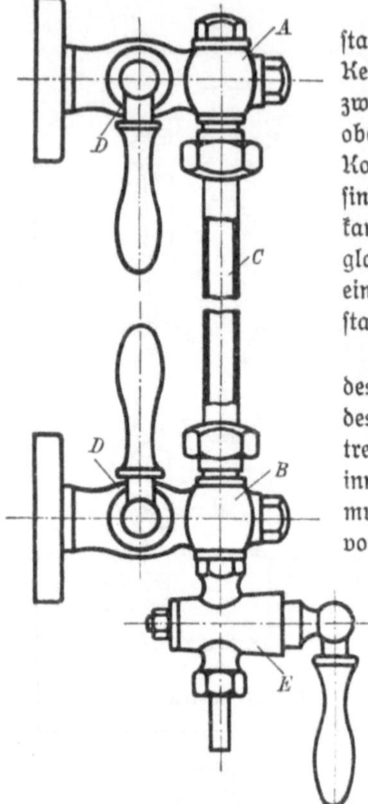

Abb. 19. Wafferstandsglas.

5. Das Wafferstandsglas (Abb. 19). Das Waffer= standsglas zeigt den jeweiligen Stand des Waffers im Keffel an. Es besteht aus einer Glasröhre *C*, die zwischen 2 Hahnköpfen *A* und *B* eingedichtet ist. Der obere Kopf *A* steht mit dem Dampfraum, der untere Kopf *B* mit dem Wafferraum in Verbindung. Die Köpfe sind mit den Hähnen *D* versehen. Mit Hilfe der Hähne kann man den Durchgang vom Keffel zum Wafferstands= glas verschließen. Dies ist z. B. notwendig beim Bruch eines Glases. Ein dritter Hahn *E* am unteren Kopf ge= stattet das Durchblasen von Dampf durch die Glasröhre.

6. Der Probierhahn (Abb. 20). Er wird in der Höhe des niedrigsten Wafferstandes angebracht. Beim Öffnen des Hahnes muß stets Waffer aus= treten. Der Hahn setzt sich leicht von innen mit Keffelstein zu. Deshalb muß man ihn zur Prüfung von vorn mit einem Draht durchstoßen können. Der Hahn hat daher vorne einen Stutzen mit Ver= schlußschraube nach Abb. 20.

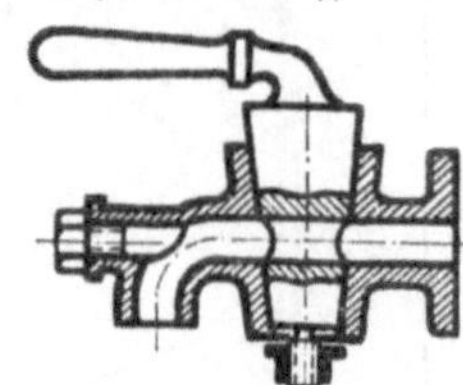

Abb. 20. Probierhahn.

7. Das Manometer (Abb. 21 u. 22). Es dient zur Meffung des Dampfdruckes im Keffel und ist mit einer roten Marke für den höchstzuläffigen Dampf= druck versehen. Man hat Röhrenfedermanometer nach Abb. 21 oder Plattenfedermanometer nach Abb. 22. (Erkläre die Wirkungsweise!)

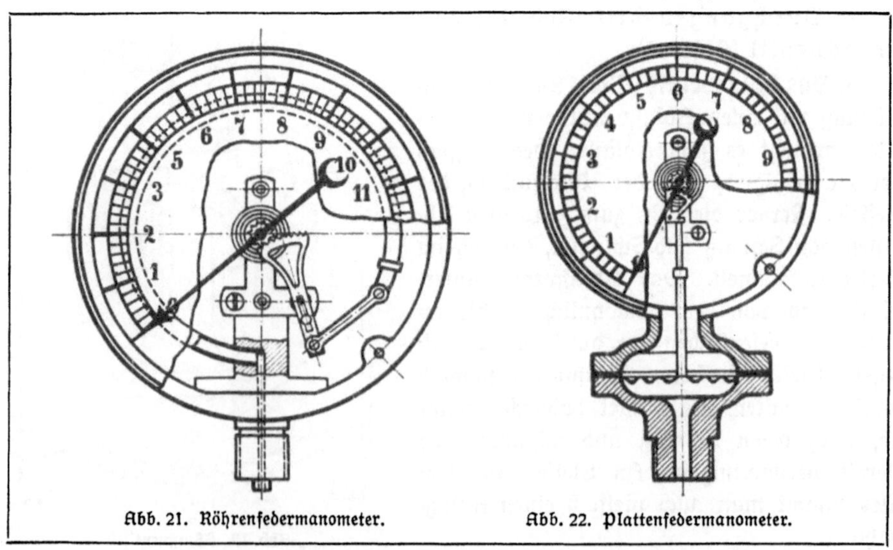

Abb. 21. Röhrenfedermanometer.   Abb. 22. Plattenfedermanometer.

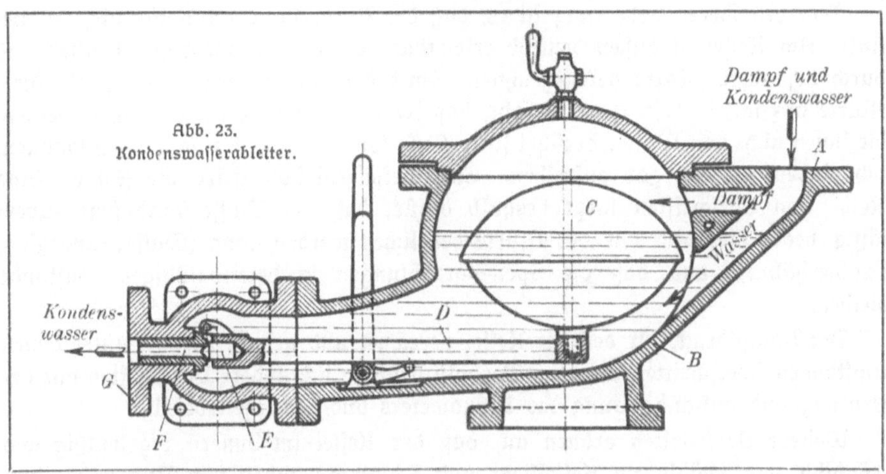

8. Der Kondenswasser=Ableiter (Abb. 23). Der Dampf kühlt sich in den Rohr=
leitungen ab. Dadurch schlägt sich ein Teil desselben als Wasser nieder. Es bildet
sich das sog. Kondenswasser. Dieses wird durch besondere Apparate abgeleitet,
um Wasseransammlungen in den Rohrleitungen zu vermeiden. Derartige Apparate
nennt man Kondenswasser=Ableiter. In Abb. 23 ist ein solcher Apparat dargestellt.
Die Wirkungsweise desselben ist folgende:

An der tiefsten Stelle der Dampfleitung wird ein Rohr abgezweigt und zum
Anschlußstutzen A geführt. Der Dampf und das Kondenswasser können nun in das
Gehäuse B eintreten. In dem Gehäuse befindet sich ein Schwimmer C an einem
Hebel D. Der Hebel trägt einen Ventilkegel E, welcher auf einen Ventilsitz F wirkt.
Der Schwimmer ruht durch sein Eigengewicht zunächst auf dem Boden des Gehäuses B,
und das Ventil ist geschlossen. Allmählich tritt nun Kondenswasser in das Gehäuse
ein. Dadurch erhält der Schwimmer einen Auftrieb, und das Ventil öffnet sich. Das
Kondenswasser kann am Stutzen G abfließen. Mit dem Abfließen des Wassers läßt der
Auftrieb des Schwimmers nach, das Eigengewicht überwiegt, und der Schwimmer wird
wieder heruntergedrückt. So regelt sich die Ableitung des Kondenswassers selbsttätig.

Zur groben Armatur gehören: Der Rost, die Feuertüren, die Rauchschieber,
die Kesselstühle usw.

h) Wartung der Dampfkessel.

Die Dampfkesselanlage einer Fabrik ist ein Teil ihrer Kraftanlage und von
besonderer Bedeutung. Muß die Kesselanlage ihren Betrieb einstellen, so stockt auch
der Fabrikbetrieb. Ferner kann unsachgemäße Behandlung des Kessels Veranlassung
zu verheerenden Explosionen geben, denen oft genug Menschenleben zum Opfer ge=
fallen sind. Deshalb ist der Kesselbetrieb durch eine Reihe von Vorschriften geregelt,
deren genaue Innehaltung strenge Pflicht des Kesselwärters ist.

Vor allen Dingen darf der Kessel während des Betriebes nie ohne sachverstän=
dige Aufsicht bleiben, und damit die Aufmerksamkeit des Kesselwärters nicht ab=
gelenkt wird, ist Unbefugten das Betreten des Kesselhauses streng verboten.

Von besonderer Bedeutung ist es, daß der Wasserstand im Kessel nicht zu tief sinkt. Am Kessel ist außen deutlich erkennbar der zulässige niedrigste Wasserstand durch besondere Marke gekennzeichnet. Sinkt der Wasserspiegel tiefer, als diese Marke anzeigt, so besteht die Gefahr, daß Kesselteile vom Feuer bestrichen werden, die innen nicht von Wasser berührt sind. Diese können dadurch zum Glühen kommen, sich einbeulen oder gar aufreißen. Eine Kesselexplosion wäre die Folge. Eine Reihe von Vorschriften sorgt deshalb dafür, daß der Wasserstand stets zuverlässig beobachtet und mit der Marke verglichen werden kann (Wasserstandsglas, Probierhähne), und daß die Speisevorrichtungen in betriebsfähigem Zustande bleiben.

Der Dampfdruck, für den der Kessel berechnet und gebaut ist, soll unter keinen Umständen überschritten werden. Deshalb befassen sich andere Vorschriften mit der Prüfung und Instandhaltung des Manometers und Sicherheitsventils.

Weitere Vorschriften ordnen an, daß der Kessel im Innern regelmäßig und gründlich von schädlichem Kesselstein und Schlamm, außen von Ruß und Flugasche gereinigt und dann einer Prüfung unterzogen wird, ob sich irgendwo Schäden, z. B. durch Rostanfressungen, Lockerung von Nieten, Verstopfung von Hähnen u. dgl. zeigen.

Wichtig ist es schließlich, daß mit dem Brennstoff sparsam umgegangen wird. Sachgemäße Bedienung der Feuerung ist daher eine Hauptaufgabe des Kesselwärters. Um ihr gerecht werden zu können, muß er eine besondere Ausbildung erhalten (Heizerkurse) und seinen Kessel ständig beobachten. Dann wird es nicht vorkommen, daß er zur Zeit, wo der Betrieb viel Dampf verbraucht, ein kleines Feuer und geringen Dampfdruck im Kessel hat, dagegen ein hohes Feuer und abblasende Sicherheitsventile bei Betriebsschluß am Feierabend.

3. Die Dampfmaschinen.

a) Allgemeines.

Wenn in einem Kessel Wasser gekocht wird, hebt der Wasserdampf den lose aufliegenden Deckel an, um entweichen zu können. Der Dampf übt also eine Kraft aus, die man Spannkraft nennt. Der Druck oder die Spannkraft des Wasserdampfes wird in der Dampfmaschine zur Arbeitsleistung ausgenutzt. Die erste Dampfmaschine wurde im Jahre 1703 von dem Engländer Newcomen gebaut. Sie war aber noch recht unvollkommen und fand daher wenig Nachahmung. Erst dem Engländer Watt gelang es im Jahre 1782, eine brauchbare Dampfmaschine zu bauen. Mit Recht gilt daher Watt als ihr Erfinder. Wenn auch die Dampfmaschinen unserer Zeit äußerlich mit jener von Watt erbauten gar keine Ähnlichkeit mehr haben, und wenn auch die Dampfkraft in ihnen durch die Fortschritte von Wissenschaft und Technik im Laufe der Zeit zu weit größerer Ausnutzung und Wirkung gebracht worden ist, so sind sie doch nur eine Vervollkommnung der praktischen Lösung, die Watt in seiner Maschine für die Ausnutzung des Dampfes zur Erzeugung von Arbeitskraft gefunden hat.

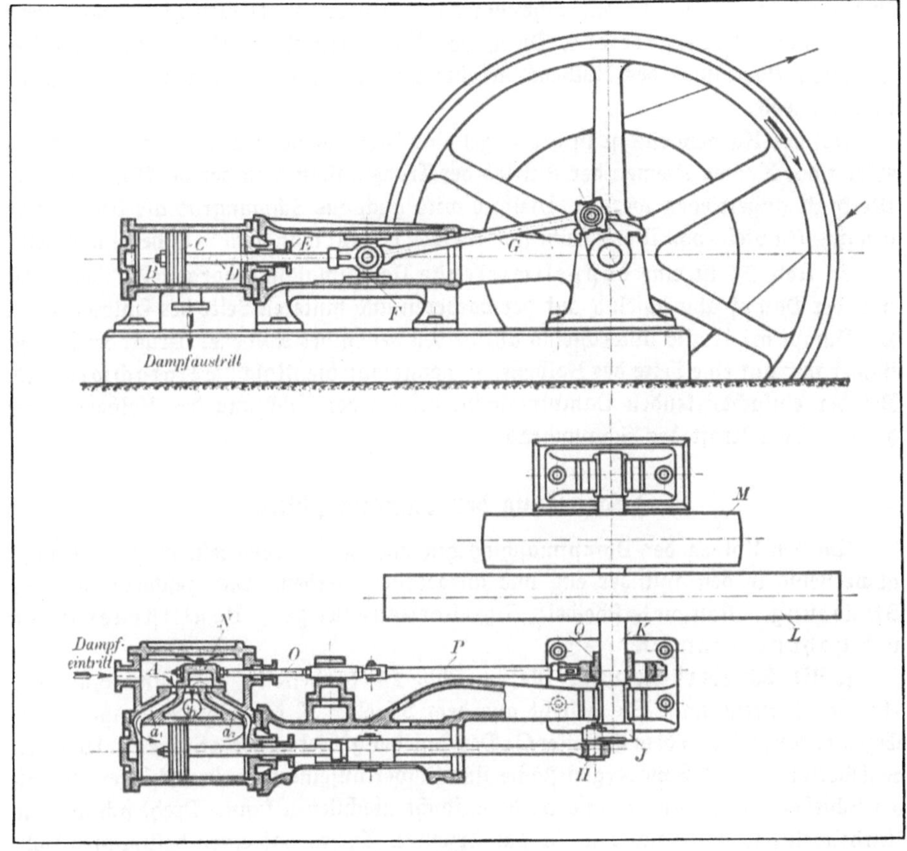

Abb. 24. Dampfmaſchine.

b) Beſchreibung und allgemeine Wirkungsweiſe der Dampfmaſchinen.

Die heute gebauten Dampfmaſchinen ſind ſog. Kolbendampfmaſchinen. In Abb. 24 iſt eine ſolche dargeſtellt. Der Dampf gelangt vom Dampfkeſſel durch eine Rohr= leitung zur Maſchine. Hier tritt er in den Schieberkaſten A ein und gelangt ab= wechſelnd durch die Kanäle a_1 und a_2 in den Zylinder B. In dem Zylinder B kann ſich der Kolben C hin und her bewegen. Je nachdem nun der Dampf durch den Kanal a_1 oder a_2 einſtrömt, wird der Kolben infolge des Dampfdruckes nach rechts oder nach links fortbewegt. Der Kolben iſt feſt mit der Kolbenſtange D verbunden und überträgt ſeine Bewegung auf dieſe. Die Kolbenſtange tritt durch die Stopf= büchſe E aus dem Zylinder aus. Durch die Stopfbüchſe wird die Kolbenſtange abgedichtet, ſo daß an dieſer Stelle kein Dampf aus dem Zylinder austreten kann. An dem einen Ende der Kolbenſtange ſitzt der Kreuzkopf F. Er wird geradlinig in einer Gleitbahn geführt. Im Kreuzkopf iſt das eine Ende der Kurbel= oder Pleuel= ſtange G drehbar gelagert. Das andere Ende der Pleuelſtange greift am Kurbel= zapfen H der Kurbel J an. Die Kurbel iſt auf der Kurbelwelle K feſt aufgekeilt.

Auf der Kurbelwelle sitzt das Schwungrad *L*. Kreuzkopf, Pleuelstange und Kurbel nennt man Kurbelgetriebe. Durch das Kurbelgetriebe wird die hin und her gehende Bewegung des Kolbens in eine drehende Bewegung der Kurbelwelle umgewandelt.

Auf der Kurbelwelle ist in der Regel eine Riemscheibe *M* aufgekeilt. Von dieser erfolgt durch einen Riemen der Antrieb der Transmission, von der die Maschinen der Werkstatt angetrieben werden. Vielfach wird auch das Schwungrad als Riemscheibe benutzt. An Stelle von Riemscheibe und Riemen benutzt man auch Seilscheibe und Seile.

In Abb. 24 ist eine doppeltwirkende Dampfmaschine dargestellt; bei dieser tritt der Dampf abwechselnd auf der vorderen und hinteren Seite des Zylinders ein. Der Dampf drückt also abwechselnd auf beiden Seiten des Kolbens. Drückt der Dampf immer nur auf eine Seite des Kolbens, so nennt man die Maschine einfachwirkend. Bei der einfachwirkenden Dampfmaschine erfolgt der Rückgang des Kolbens durch die lebendige Kraft des Schwungrades.

c) Steuerung der Dampfmaschine.

Um den Kolben der Dampfmaschine hin und her zu bewegen, muß der Dampf abwechselnd in den Zylinder ein= und ausgelassen werden. Dies geschieht durch die Steuerung. Man unterscheidet: Schiebersteuerungen, Ventilsteuerungen und Hahnsteuerungen.

1. Die Schiebersteuerung. Die in Abb. 24 dargestellte Dampfmaschine hat eine Schiebersteuerung. Sie besteht aus dem Schieber *N*, der Schieberstange *O*, der Exzenterstange *P* und dem Exzenter *Q*. Der Schieber gleitet auf dem Schieberspiegel. Schieberspiegel und Schiebergleitfläche sind sauber aufeinander eingeschliffen, so daß der Schieber die Kanäle a_1 und a_2 dampfdicht abschließen kann. Dreht sich nun die Kurbelwelle, so dreht sich mit ihr das Exzenter. Dieses hat einen bestimmten Hub. Es wird sich also der Schieber mit Hilfe der Exzenter= und Schieberstange hin und her bewegen. Dadurch werden abwechselnd die Kanäle a_1 und a_2 geöffnet oder ge= schlossen. Der Dampf kann somit abwechselnd auf der linken oder rechten Zylinder= seite ein= oder ausströmen.

In Abb. 24 z. B. steht der Kolben ungefähr in der Mitte des Zylinders. Der Schieber hat den Kanal a_1 geöffnet, und der Dampf strömt auf der linken Zylinder= seite ein. Der auf der rechten Zylinderseite befindliche Dampf tritt durch den Kanal a_2 in die Höhlung des Schiebers und strömt durch den Ausströmkanal *b* ins Freie.

Ist der Kolben am rechten Ende des Zylinders angelangt, so hat sich der Schieber nach links bewegt. Damit hat er den Kanal a_2 geöffnet, durch den nun der Dampf auf der rechten Zylinderseite eintritt. Gleichzeitig hat der Schieber den Kanal a_1 mit dem Ausströmkanal *b* in Verbindung gebracht. Der Dampf auf der linken Zylinderseite kann dadurch ausströmen. So wiederholt sich das Gegenspiel des Schiebers mit dem Kolben immer wieder. Der Schieber regelt also das Ein= und Aus= strömen des Dampfes; er steuert den Dampf. Bei den ersten Dampfmaschinen er= folgte die Steuerung von Hand durch einen Arbeiter. Erst später hat man dies durch die Maschine selbst ausführen lassen.

2. Die Ventilſteuerung. Bei der Ventilſteuerung wird das Ein= und Ausſtrömen des Dampfes durch Öffnen und Schließen von Ventilen herbeigeführt. Abb. 25 zeigt den Schnitt durch einen Dampfzylinder mit Ventilſteuerung. Bei der doppeltwirkenden Dampfmaſchine ſind 4 Ventile erforder= lich, und zwar 2 für die Einſtrömung und 2 für die Aus= ſtrömung. Die Einſtrömventile ſitzen oben auf dem Zylinder, während ſich die Ausſtrömventile auf der unteren Seite des Zylinders befinden. Das Öffnen und Schließen der Ventile geſchieht durch Heben und Senken derſelben. Dies erfolgt mit Hilfe eines Geſtänges, welches von einer Welle betätigt wird. Die Welle liegt gewöhnlich ſeitlich am Zylinder. Man nennt ſie Steuer= welle. Ihr Antrieb erfolgt von der Kur= belwelle aus.

3. Die Hahn= ſteuerung. Bei dieſer Steuerung wendet man ſtatt der Ventile Hähne für die Steue= rung des Dampfes an. Die Hähne wer= den abwechſelnd geöffnet und geſchloſſen.

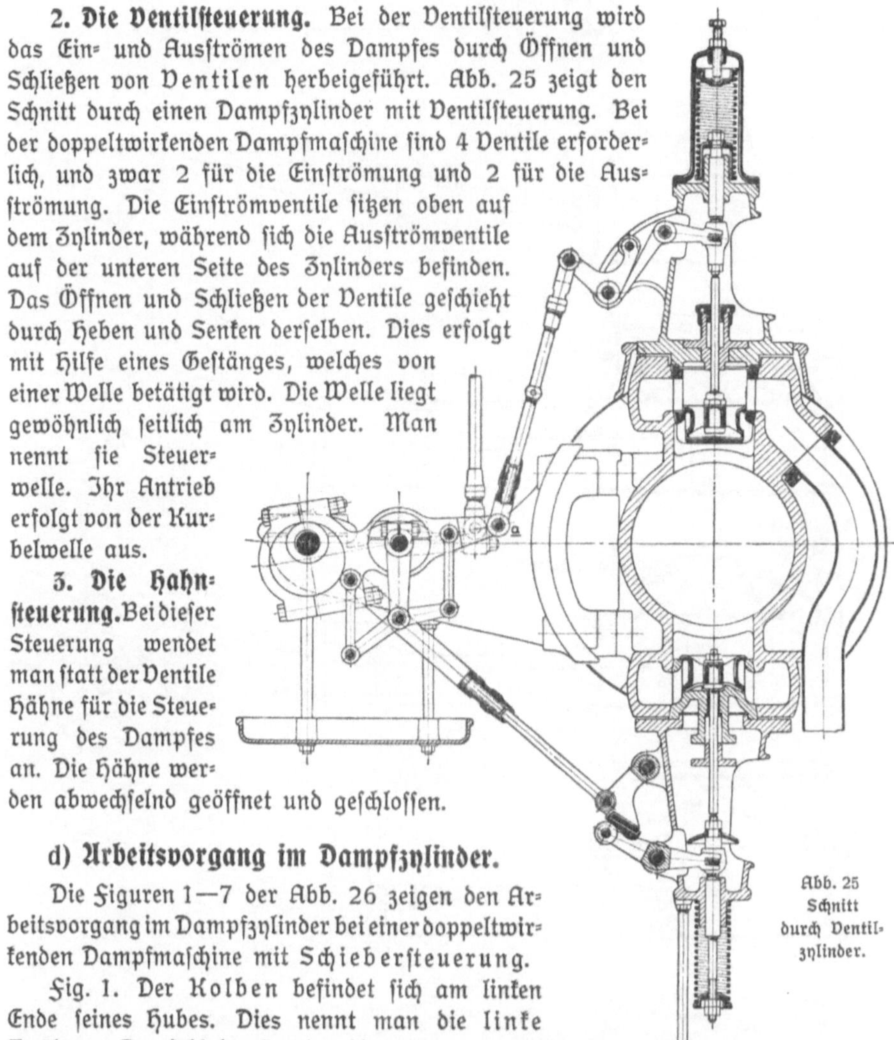

Abb. 25
Schnitt
durch Ventil=
zylinder.

d) Arbeitsvorgang im Dampfzylinder.

Die Figuren 1—7 der Abb. 26 zeigen den Ar= beitsvorgang im Dampfzylinder bei einer doppeltwir= kenden Dampfmaſchine mit Schieberſteuerung.

Fig. 1. Der Kolben befindet ſich am linken Ende ſeines Hubes. Dies nennt man die linke Totlage. Der Schieber hat den Kanal a_1 um ein kleines Stück geöffnet. Es findet alſo auf der linken Zylinderſeite Einſtrömen des Dampfes ſtatt. Der Schieber hat ferner den Kanal a_2 ſo geöffnet, daß der Dampf auf der rechten Zylinderſeite ausſtrömen kann.

Das Exzenter E hat ſich bei dieſer Kolbenſtellung um den Winkel d aus ſeiner Mittellage gedreht. Es eilt alſo der Kurbel K um den Winkel $90^0 + d^0$ voraus. Dieſen Winkel nennt man Voreilwinkel.

Fig. 2. Der Kolben hat ſich unter dem Druck des einſtrömenden Dampfes nach rechts bewegt, während der Schieber den Kanal a_1 ganz geöffnet hat. Das Ex= zenter befindet ſich in ſeiner äußerſten Lage rechts und ſomit auch der Schieber.

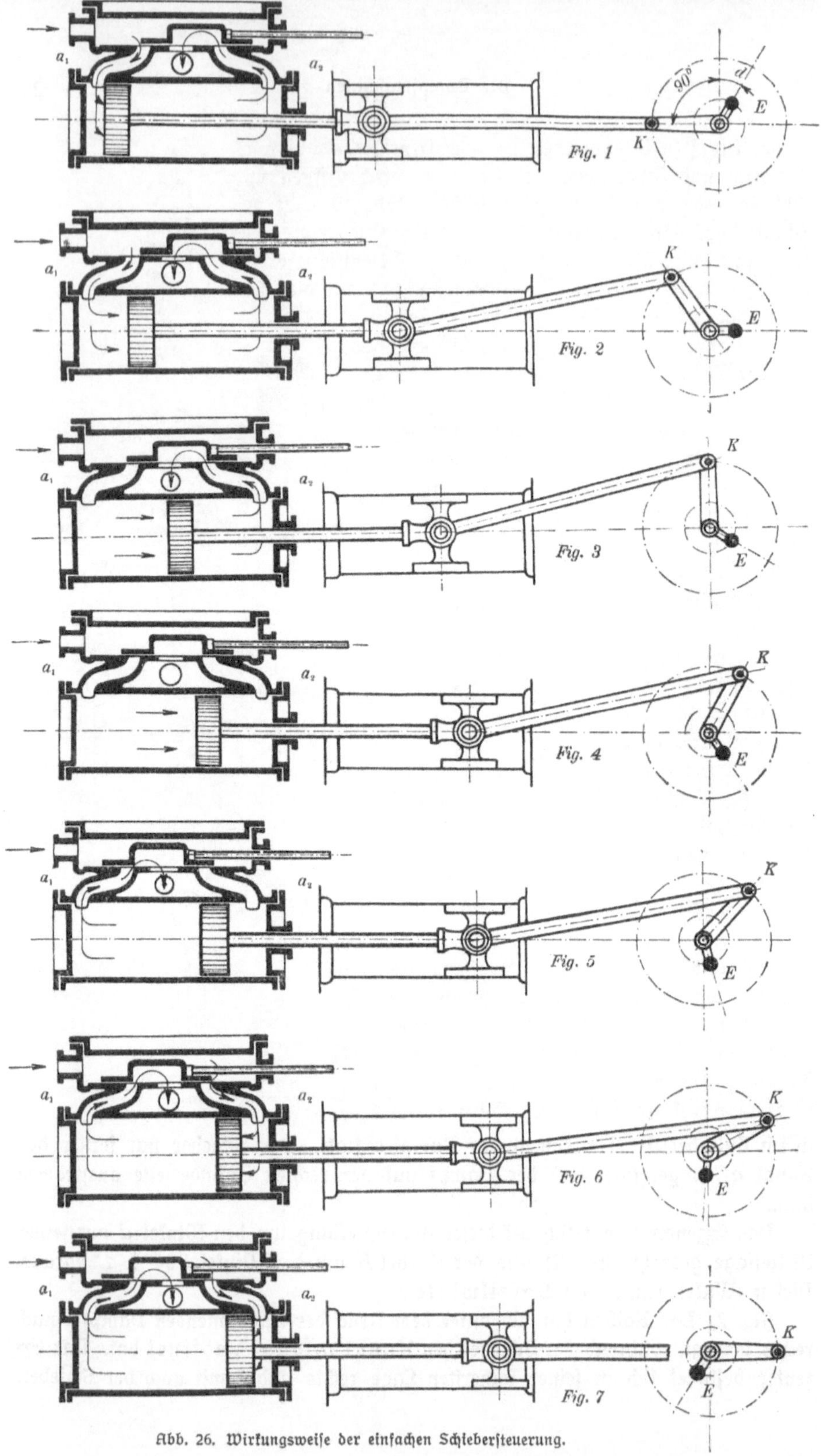

Abb. 26. Wirkungsweise der einfachen Schiebersteuerung.

Der Kanal a_2 iſt ebenfalls ganz geöffnet. Auf der rechten Zylinderſeite findet Aus=
ſtrömen ſtatt.

Fig. 3. Der Kolben hat ſich weiter nach rechts bewegt. Inzwiſchen iſt der
Schieber nach links gegangen und hat den Kanal a_1 geſchloſſen. Das Einſtrömen
des Dampfes auf der linken Zylinderſeite hört auf. Man nennt dies das Ende
der Füllung. Es beginnt die Expanſion oder Ausdehnung des Dampfes.
Dabei wird der Kolben weiter nach rechts gedrückt, indem der Druck des Dampfes
hierbei allmählich abnimmt. Auf der rechten Zylinderſeite ſtrömt der Dampf durch den
Kanal a_2 noch aus.

Fig. 4. Der Kolben iſt weiter nach rechts gegangen, während der Schieber ſich
weiter nach links bewegt hat. Dadurch hat der Schieber den Kanal a_2 geſchloſſen.
Der Dampf auf der rechten Zylinderſeite kann nicht mehr ausſtrömen, er wird zu=
ſammengedrückt. Dies nennt man Verdichtung oder Kompreſſion.

Fig. 5. Der Kolben hat ſich weiter nach rechts, und der Schieber hat ſich weiter
nach links bewegt. Der Schieber öffnet den Kanal a_1, ſo daß der Dampf auf der
linken Zylinderſeite ausſtrömen kann. Das Ausſtrömen links beginnt alſo, bevor
der Kolben in ſeiner rechten Totlage angelangt iſt. Man nennt dies das Voraus=
ſtrömen.

Fig. 6. Der Kolben befindet ſich kurz vor der rechten Totlage. Der Schieber
öffnet jetzt ſchon den Kanal a_2, ſo daß friſcher Dampf auf der rechten Zylinderſeite
einſtrömen kann. Dies nennt man Voreinſtrömen. Durch den Kanal a_1 ſtrömt der
Dampf weiter aus.

Fig. 7. Der Kolben iſt am rechten Ende ſeines Hubes angelangt. Er befindet
ſich in ſeiner rechten Totlage. Der Schieber hat den Kanal a_2 bereits um ein Stück
geöffnet. Der Dampf ſtrömt auf der rechten Zylinderſeite ein und drückt den
Kolben nach links. Durch den Kanal a_1 findet Ausſtrömen ſtatt.

Bei der Bewegung des Kolbens nach links wiederholt ſich nun derſelbe Vorgang.

*   *   *

In den Figuren 1—7 der Abb. 27 iſt der Arbeitsvorgang im Dampfzylinder bei
einer doppeltwirkenden Dampfmaſchine mit Ventilſteuerung ſchematiſch dargeſtellt.

Fig. 1. Der Kolben befindet ſich in ſeiner linken Totlage. Das linke Ein=
ſtrömventil iſt teilweiſe geöffnet. Der Dampf ſtrömt auf der linken Zylinder=
ſeite ein. Das rechte Ausſtrömventil iſt geöffnet, ſo daß der Dampf auf der rechten
Zylinderſeite ausſtrömen kann.

Fig. 2. Der Kolben hat ſich durch den Druck des einſtrömenden Dampfes nach
rechts bewegt. Das Einſtrömventil links iſt ganz geöffnet. Auf der rechten
Zylinderſeite findet noch Ausſtrömen ſtatt.

Fig. 3. Der Kolben iſt weiter nach rechts gegangen. Das linke Einſtrömventil
hat ſich inzwiſchen geſchloſſen. Der Dampf kann nicht mehr einſtrömen. Wir haben
das Ende der Füllung und den Beginn der Expanſion links. Das Ausſtröm=
ventil rechts iſt noch geöffnet.

Fig. 4. Der Kolben hat ſich unter dem Druck des expandierenden Dampfes
weiter nach rechts bewegt. Inzwiſchen hat ſich das rechte Ausſtrömventil geſchloſſen.
Der Dampf auf der rechten Zylinderſeite kann nicht mehr ausſtrömen. Er wird zu=

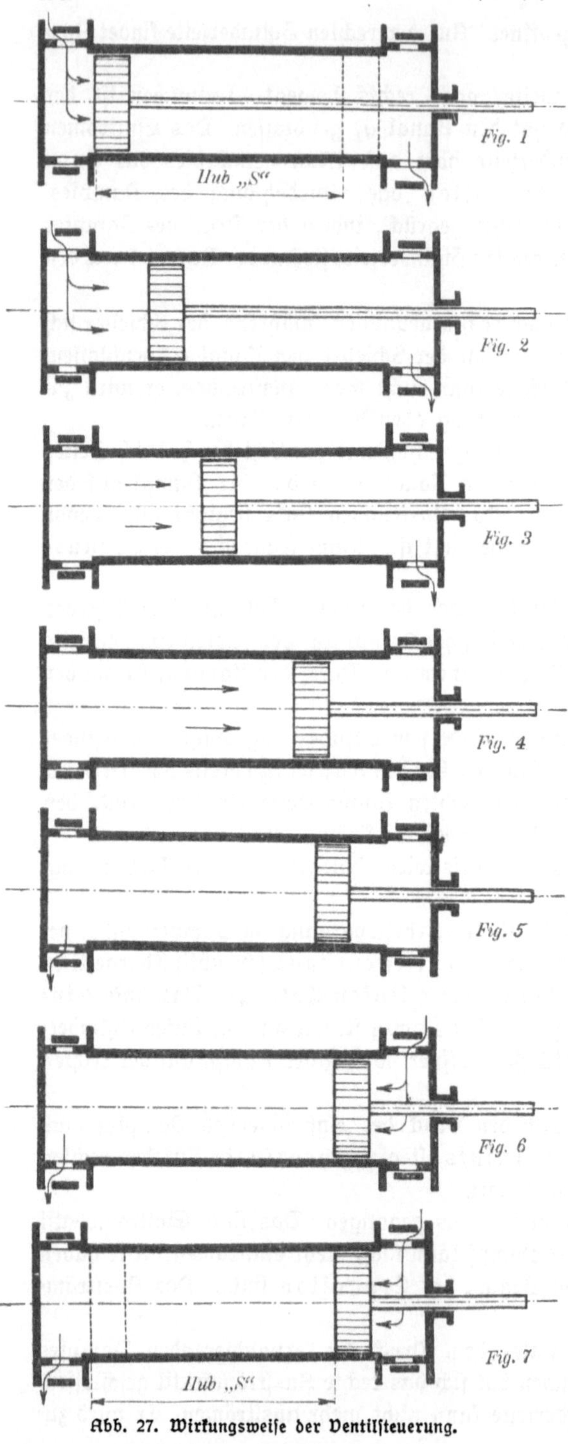

Abb. 27. Wirkungsweise der Ventilsteuerung.

sammengedrückt. Wir haben Beginn der Kompression rechts.

Fig. 5. Der Kolben ist weiter nach rechts gegangen. Das linke Ausströmventil hat sich geöffnet, so daß der Dampf auf der linken Zylinderseite ausströmen kann. Wir haben Beginn der Vorausströmung links.

Fig. 6. Der Kolben befindet sich kurz vor seiner rechten Totlage. Das rechte Einströmventil beginnt sich zu öffnen. Der Dampf kann auf der rechten Zylinderseite einströmen. Das ist der Beginn der Voreinströmung rechts. Auf der linken Zylinderseite findet Ausströmen statt.

Fig. 7. Der Kolben ist in seiner rechten Totlage angelangt. Das rechte Einströmventil ist teilweise geöffnet. Der Dampf strömt auf der rechten Zylinderseite ein und bewegt den Kolben nach links. Durch das linke Ausströmventil strömt der Dampf auf der linken Zylinderseite aus.

Bei der Bewegung des Kolbens nach links wiederholt sich dasselbe Spiel.

e) Das Dampfdiagramm.

Beim Arbeiten im Zylinder ändert der Dampf seine Spannung. Es entstehen Druckschwankungen. Diese lassen sich durch eine Aufzeichnung festlegen, und man erhält damit ein zeichnerisches Bild für den Arbeitsvorgang. Die Aufzeichnung nennt man das Dampfdiagramm (Abb. 28). Zur Erklärung diene folgendes:

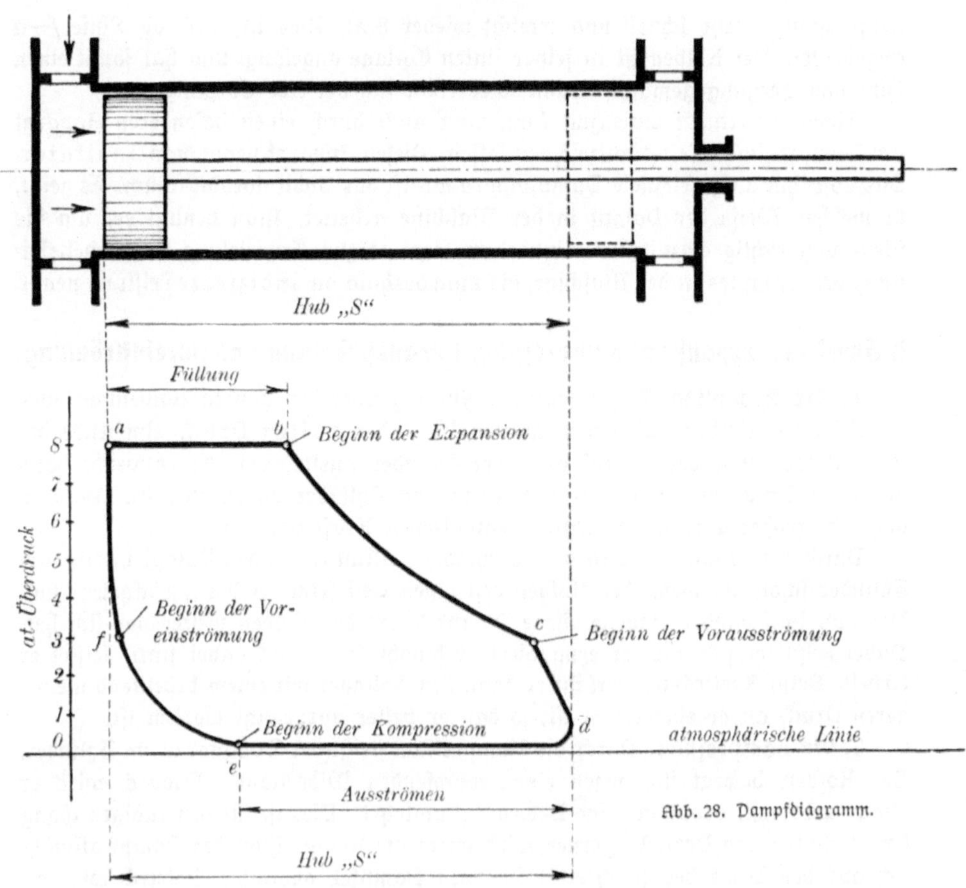

Abb. 28. Dampfdiagramm.

Auf einer senkrechten Linie ist der Druck in at aufgetragen. Der Dampf strömt
z. B. mit 8 at in den Zylinder ein. Unter diesem Druck bewegt sich der Kolben,
der sich in seiner linken Totlage befindet, nach rechts. Solange der Dampf einströmt,
bleibt der Druck in gleicher Höhe. Es ergibt sich also die Linie *a—b*. Bei *b* hört
das Einströmen auf. Wir haben Ende der Füllung oder Beginn der Expansion.
Der Dampf will sich nun ausdehnen und drückt den Kolben weiter nach rechts. Hier=
bei fällt seine Spannung, was durch die Linie *b—c* angedeutet ist. Bei *c* öffnet sich
der Auslaß. Es beginnt die Vorausströmung. Der Dampfdruck fällt schneller. Dies
zeigt die Linie *c—d* an. Bei *d* befindet sich der Kolben in seiner rechten Totlage.
Jetzt bewegt sich der Kolben nach links und drückt den Dampf durch den offenen
Auslaß ins Freie. Dies ergibt die Linie *d—e*. Der Dampfdruck im Zylinder be=
trägt während der Ausströmung etwa 0,2 at, da der atmosphärische Luftdruck
überwunden werden muß. Die Linie *d—e* liegt also dicht über der atmosphärischen Linie.
Bei *e* schließt sich die Ausströmung. Es beginnt die Kompression. Dabei steigt der
Dampfdruck allmählich. Es entsteht die Linie *e—f*. Bei *f*, kurz vor dem Totpunkt,
öffnet sich die Einströmung. Wir haben also Voreinströmung. Der Druck des Dampfes

steigt dadurch sehr schnell und erreicht wieder 8 at. Dies ist durch die Linie *f—a* angedeutet. Der Kolben ist in seiner linken Totlage angelangt und hat somit einen hin= und hergang gemacht. Dann wiederholt sich derselbe Vorgang.

Einen derartigen Linienzug kann man auch durch einen besonderen Apparat am Dampfzylinder selbst aufzeichnen lassen. Diesen Apparat nennt man Indikator. Das von ihm aufgezeichnete Dampfdiagramm ist das Indikatordiagramm. Es zeigt, in welcher Weise der Dampf in der Maschine arbeitet. Man benutzt es, um die Steuerung richtig einzustellen. Außerdem dient es zur Ermittelung der Arbeitslei= stung des Dampfes in der Maschine, die man deshalb die indizierte Leistung nennt.

f) Zweck der Expansion, Kompression, Vorausströmung und Voreinströmung.

1. Die Expansion. Dehnt man die Füllung über den ganzen Kolbenhub aus, so erhält der Kolben auf seinem ganzen Wege den vollen Druck. Am Ende des Kolbenhubes muß der Dampf aus dem Zylinder ausströmen. Er entweicht dann mit dem Druck ins Freie, mit dem er in den Zylinder eingetreten ist. Dadurch geht ein großer Teil der im Dampf enthaltenen Kraft verloren.

Durch die Expansion wird dies verhindert. Man sperrt den Dampfeintritt zum Zylinder schon ab, wenn der Kolben erst einen Teil seines hubes zurückgelegt hat. Der nun im Zylinder eingeschlossene Dampf drückt den Kolben weiter vor sich her. Dabei dehnt er sich aus, er expandiert. Obwohl sein Druck dabei sinkt, leistet er Arbeit. Beim Ausströmen verläßt er dann den Zylinder mit einem bedeutend niedri= geren Druck, als er eingetreten ist, so daß er besser ausgenutzt worden ist.

2. Die Kompression. Durch die Kompression steigt der Dampfdruck im Zylinder. Der Kolben bewegt sich gegen einen wachsenden Widerstand. Dadurch wird er etwas gebremst, bevor er seine Bewegung umkehrt. Dies ist für den ruhigen Gang der Maschine von Vorteil. Ferner wird durch die Kompression der Dampf allmäh= lich auf den Druck des frisch einströmenden Dampfes gebracht. Dadurch wird an Frischdampf gespart.

3. Die Vorausströmung. Durch die Vorausströmung soll der Dampf Zeit ge= winnen, seinen Druck auf den Ausströmdruck zu verringern.

4. Die Voreinströmung. Der Dampf braucht beim Einströmen eine gewisse Zeit, bis er den Raum zwischen Kolben und Deckel ausgefüllt hat. Diese Zeit gibt ihm die Voreinströmung. Im Totpunkt ist daher der volle Dampfdruck im Zylinder wieder erreicht.

g) Schwungrad und Regulator.

Wie eben gezeigt worden ist, erhält der Kolben auf seinem Weg nicht immer den gleichen Dampfdruck. Auch folgt die Kurbel dem Kolbendruck in der Nähe der Totlagen nicht so willig, wie etwa auf halbem Wege. Jede Dampfmaschine zuckt deshalb etwas. Dieses Zucken vermindert man durch das Schwungrad. Es hat einen gleichförmigen Lauf und widersetzt sich dem Zucken um so mehr, je schwerer es ist. So hilft das Schwungrad der Maschine nicht nur über die Totlagen hinweg, son= dern es macht ihren Lauf auch gleichförmiger. Je ruhiger der Lauf sein soll, desto schwerer muß das Schwungrad sein.

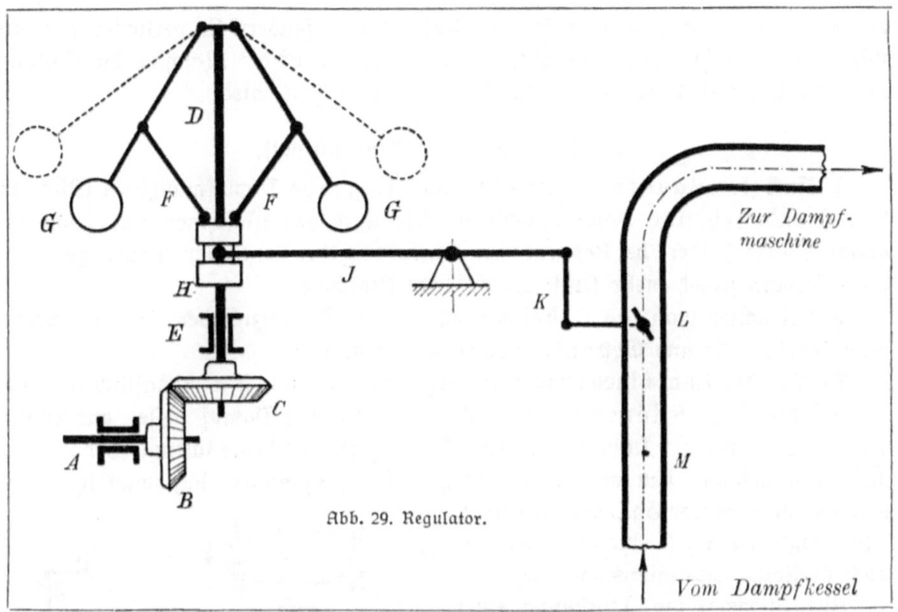

Abb. 29. Regulator.

Eine andere Aufgabe hat der Regulator. Die Arbeitsmenge, die von einer Dampfmaſchine geleiſtet werden ſoll, bleibt nicht immer gleich groß, z. B. infolge des Ein= oder Ausſchaltens von Werkzeugmaſchinen. Wird nun der Arbeitsbedarf geringer, ſo treibt der Dampf die Maſchine, weil er weniger Widerſtand findet, zu ſchnellerer Gangart an. Bei wachſendem Arbeitsbedarf fängt die Maſchine an, lang= ſamer zu laufen, weil der Dampf dem größeren Widerſtand nicht mehr gewachſen iſt. Will man im erſten Fall ein Durchgehen der Maſchine vermeiden, ſo muß man dafür ſorgen, daß weniger Dampf in den Zylinder gelangt; im zweiten Fall verhindert man ein Stillſtehen durch verſtärkte Dampfzufuhr. Dieſe Veränderung der Dampf= menge bewirkt nun der Regulator. In Abb. 29 iſt eine für kleine Maſchinen noch gebräuchliche Art der Regulierung ſchematiſch dargeſtellt. Sie wirkt folgendermaßen:

Die Welle A wird von der Kurbelwelle aus angetrieben. Sie überträgt die Drehung durch die beiden Kegelräder B und C auf die Welle D, welche die Kugeln G mit herumdreht. Bei dieſer Drehung haben die Kugeln das Beſtreben, nach außen zu fliegen. Sie äußern eine Flieh= oder Zentrifugalkraft. Daher heißt der Regulator auch Zentrifugalregulator. Bewegen ſich die Kugeln nach außen, ſo heben ſie mit Hilfe des Geſtänges den Führungsring H in die Höhe. An dieſem greift der Hebel J an. Er wird alſo auch gehoben und überträgt ſeine Bewegung durch eine Zwiſchen= ſtange K auf die Droſſelklappe L. Die Droſſelklappe dreht ſich und verkleinert den Durchlaß im Dampfzuleitungsrohr M. Es wird alſo weniger Dampf zur Dampf= maſchine gelangen. So wird ſie am Durchgehen gehindert.

Im umgekehrten Falle vergrößert die Droſſelklappe den Dampfdurchlaß. Es ſtrömt dann mehr Dampf ein, der die Maſchine vor dem Stillſtehen bewahrt. Dieſe Art der Regulierung iſt jedoch ziemlich roh. Die gebräuchlichen Regulatoren, die zwar auch alle die Fliehkraft von Schwunggewichten ausnutzen, arbeiten feiner und

ruhiger. Auch betätigen sie nicht eine Drosselklappe, sondern sie verstellen das Ge=
stänge der Einlaßsteuerung so, daß bei zu raschem Lauf der Maschine die Füllung
verkleinert, bei zu langsamem Lauf dagegen vergrößert wird.

h) Arten der Dampfmaschinen.

1. Nach der Bauart unterscheidet man liegende Dampfmaschinen (Abb. 24
S. 19) und stehende Dampfmaschinen. Die liegenden Maschinen sind leicht zu=
gänglich, insbesondere bei Reparaturen, Erneuerung der Stopfbüchsenpackungen usw.
Sie erfordern jedoch mehr Platz als stehende Maschinen.

2. Betrachtet man den Arbeitsvorgang im Dampfzylinder, so unterscheidet
man Volldruck= und Expansionsdampfmaschinen.

Die Volldruckmaschinen werden wenig gebaut, weil sie nicht wirtschaftlich arbeiten.

Bei den Expansionsdampfmaschinen wird der Dampf besser ausgenützt.
Es geht hier weniger Dampf verloren. Deshalb werden heute fast nur Expansions=
maschinen gebaut. Um den Dampf noch besser auszunützen, läßt man ihn nach=
einander in mehreren Zylindern arbeiten.
Man erhält dann z. B. eine zweifache oder
auch dreifache Expansionsmaschine.

Abb. 30 zeigt die Anordnung einer
zweifachen Expansionsmaschine. Sie hat
2 Zylinder, einen Hochdruck= und einen
Niederdruckzylinder. Jeder Zylinder besitzt
eine Steuerung. Der Dampf tritt in den
Hochdruckzylinder ein und leistet Arbeit.
Hierbei expandiert er jedoch
nur so weit, daß er noch einen
ziemlich hohen Druck hat.
Aus dem Hochdruckzylinder
gelangt er nicht ins Freie,
sondern in einen Zwischen=
behälter A. Aus diesem tritt
er in den Niederdruckzylin=
der ein und verrichtet in=
folge seiner weiteren Ex=
pansion hier nochmals Ar=
beit. Dann gelangt er erst
ins Freie.

Die beiden Kolben ar=
beiten auf je ein Kurbel=
getriebe. Die Kurbeln sind
um 90° gegeneinander ver=
setzt. Eine Maschine nach
Abb. 30 nennt man auch
Verbundmaschine.

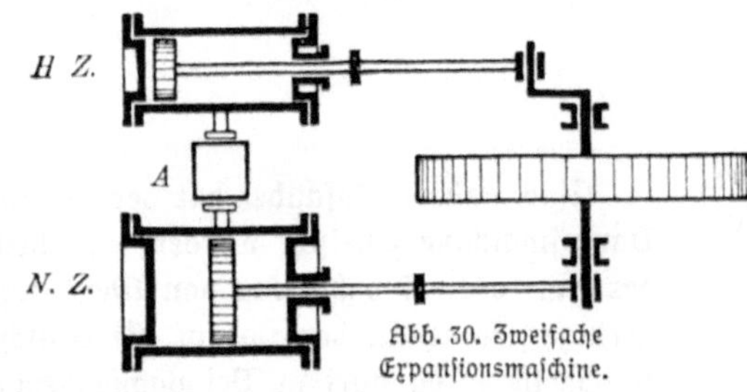

Abb. 30. Zweifache
Expansionsmaschine.

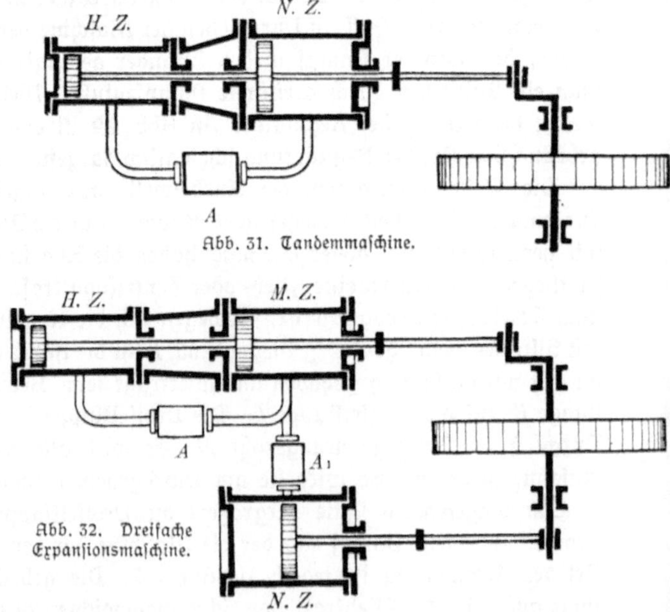

Abb. 31. Tandemmaschine.

Abb. 32. Dreifache
Expansionsmaschine.

Abb. 33.
Einzylinder-
Schiebermaschine.

Abb. 31 zeigt eine zweifache Expansionsma=
schine mit hintereinanderliegenden Zylindern. Eine
solche Maschine heißt auch Tandemmaschine.
Abb. 32 zeigt eine dreifache Expansionsmaschine.
Der Dampf arbeitet hier zunächst
im Hochdruckzylinder. Aus diesem
gelangt er in den Zwischenbe=
hälter A. Dann strömt er in den
Mitteldruckzylinder, arbeitet auch
dort, und aus diesem gelangt er in
den Zwischenbehälter A_1. Von dort
gelangt er dann in den Nieder=
druckzylinder, wo er ebenfalls noch

Arbeit leistet, und von da schließlich ins Freie. Hoch= und Mitteldruckzylinder haben
Tandemanordnung.

Die Größe der
einzelnen Zylinder
ist so gewählt, daß
der Druck auf die drei
Kolben gleich groß
ist. Es wird also der
Hochdruckzylinder
den kleinsten und der
Niederdruckzylinder
den größten Durch=
messer haben.

Die Expansions=
maschinen sind nicht zu verwechseln mit sog. Zwillings= oder Drillingsmaschinen.

Abb. 34.
Einzylinder-Ventilmaschine.

Hier arbeitet der Dampf
getrennt in zwei oder
drei gleich großen Zy=
lindern. Diese sind nur
zusammengebaut, da=
mit sie an einer gemein=
samen Kurbelwelle an=
greifen (Lokomotiven).
Die Kurbeln sind gegen=
einander versetzt. Da=
durch wird der Gang
der Maschine ruhiger
und gleichmäßiger.

3. In bezug auf den
Abdampf unterschei=
det man noch Auspuff=

Abb. 35. Tandem-Ventilmaschine.

Abb. 36. Verbund-Schiebermaschine.

und Kondensations=
dampfmaschinen. Bei
der bisher besprochenen
Dampfmaschine war im=
mer angenommen, daß
der Dampf, nachdem er im
Zylinder Arbeit verrichtet
hatte, ins Freie entweichte,
die Maschine also eine
Auspuffmaschine sei.

Bei einer solchen Ma=
schine muß der auspuf=
fende Dampf einen etwas
höheren Druck als die
Außenluft haben. Der
Kolben würde es beim

Ausstoßen des Dampfes leichter haben, wenn er diesen in einen luftleeren Raum
statt in die freie Atmosphäre hinausdrücken müßte. Dies ist der Fall bei der Kon=
densationsmaschine. Hier drückt man den Abdampf nicht ins Freie, sondern
in ein besonderes Gefäß, das man fast luftleer gepumpt hat. In diesem Gefäß
wird der eintretende Dampf durch eingespritztes Wasser abgekühlt. Dadurch ver=
wandelt er sich in Wasser und nimmt nur einen ganz geringen Raum ein.
Man braucht jetzt nur das Wasser und etwa eingedrungene Luft durch eine
Luftpumpe fortzupumpen. Das Gefäß bleibt dann beständig fast luftleer, ob=
wohl fortwährend von der Maschine sehr viel Dampf einströmt. Man nennt das
Gefäß, weil der Dampf darin niederschlägt oder kondensiert, den Konden=
sator.

Dampfmaschinen, bei denen der Abdampf in einen Kondensator geleitet wird,
bezeichnet man als Kondensationsdampfmaschinen. Sie leisten bei gleichem
Dampfverbrauch etwa 20—30% mehr als Auspuffmaschinen, trotzdem sie die
Luftpumpe zur Entleerung des Kondensators antreiben müssen.

Abb. 33—36 zeigen einige kleinere Dampfmaschinen.

i) Wartung der Dampfmaschine.

Die Dampfmaschine ist nicht sehr empfindlich gegen rauhe Behandlung (vgl.
Lokomotive, Dampfwinde, Lokomobile). Eine sorgsame Wartung erhöht jedoch
ihre Lebensdauer und Betriebssicherheit. Maschinen und Maschinenhaus sind pein=
lich sauber zu halten. Schmutz, Staub und Sand wirken in Lagern und Laufstellen
schädlich. Herumliegende Teile, wie Schraubenschlüssel, Putzwolle u. dgl., geraten
durch Unachtsamkeit leicht in das Gestänge oder andere bewegte Teile und können
dort zu Betriebsstörungen führen.

Vor dem Anlassen ist der Dampfzylinder gründlich (oft stundenlang) zu heizen
um einen Wasserschlag beim Anlaufen zu vermeiden. An kalten Zylinderwan=

dungen kondensiert nämlich der Frischdampf bei der Füllung und Expansion so stark, daß das gebildete Wasser beim Auspuff zuweilen nicht aus dem Zylinder heraus kann. Bei der Kompression stößt der Kolben dann statt auf ein Dampf= polster auf unnachgiebiges Wasser, während das Schwungrad die Kurbel weiter zum Totpunkte treibt. Da der Kolben nicht nachfolgen kann, so ist ein Maschinen= bruch (Kurbellager, Zylinderdeckel, Kolben) oder mindestens starke Verbiegung des Gestänges die Folge. Da Wasser im Zylinder die Ursache war, spricht man dann vom Wasserschlag.

Die Heizung erfolgt durch Frischdampf, der durch besondere Heizventile und durch Anlüften des Absperrventils in den Zylinder und einen Hohlraum, der diesen umgibt, den sog. Zylindermantel, gelassen wird. — Bei der Vorwärmung steht die Kurbel zweckmäßig in Totlage, damit die Maschine nicht vorzeitig anspringt.

Zum Anlassen wird die Kurbel dann (mit Hilfe einer Andrehvorrichtung am Schwungrad) auf etwa 30° hinter Totlage gebracht und das Absperrventil ge= öffnet, nachdem alle Schmiervorrichtungen in Tätigkeit gesetzt sind. Hierbei sind die Wasserablaßhähne, die sich an jeder Zylinderseite befinden, noch offen. (Vgl. die Lokomotive beim Anfahren.) Sie werden erst nach mehreren Kolbenhüben geschlossen.

Während des Betriebes sind alle Lagerstellen zu überwachen, damit ein Warm= laufen derselben rechtzeitig erkannt und durch reichliche Ölzufuhr verhindert werden kann. Ausreichende Schmierung ist überhaupt von großer Bedeutung. Doch darf darin auch der erheblichen Ölkosten wegen nicht zu viel geschehen. Zur Schmierung der laufenden Teile im Zylinder (Kolben, Schieber, Kolbenstange) drückt eine Schmierpresse dickflüssiges Mineralöl (sog. Zylinderöl) am Zylinder tropfenweise in den Strom des Frischdampfes, der die Tropfen fein zerstäubt und an alle gleiten= den Flächen bringt. Daher ist der Auspuffdampf immer ölig.

Besondere Geräusche beim Lauf der Maschine, wie Brummen, Klopfen, Pfeifen u. dgl., deuten immer auf eine Unregelmäßigkeit und auf Fehler in der Arbeits= weise hin, weshalb der Maschinist besonders darauf zu achten hat.

Manometer, Vakuummeter, Geschwindigkeitsmesser geben ihm Aufschluß über das Arbeiten der Maschine.

Zum Stillsetzen wird das Absperrventil geschlossen. Dann werden die Ablaß= hähne geöffnet, und die Schmierung wird außer Tätigkeit gesetzt.

Steht die Maschine, so wird sie, soweit es während des Ganges nicht möglich war, von Ölspritzern gereinigt.

Im Winter ist besonders bei längeren Betriebspausen (Feiertage) Vorsorge zu treffen, daß die Abwässerleitungen und Kondenstöpfe nicht einfrieren können.

4. Die Dampfturbine.

a) Beschreibung und Wirkungsweise.

In der Dampfmaschine drückt der im Zylinder eingeschlossene Dampf, der sich dabei fast in Ruhe befindet, den Kolben nur durch seine Spannkraft hin und her und bringt dadurch die Bewegung hervor. Bei der Dampfturbine läßt man mehrere Dampfstrahlen auf die Schaufeln eines Rades strömen, wodurch dieses in eine drehende Bewegung versetzt wird.

In ähnlicher Weise wie die Dampfturbine arbeiten z. B. die Windrädchen aus Papier oder aus bunten Federn, welche die Kinder durch den Luftstrom, den sie dagegen blasen, in rasche Umdrehung versetzen. Natürlich ist der Unterschied zwischen solchem Spielzeug und der Dampfturbine ein gewaltiger. Handelt es sich doch bei diesen um die stärksten Maschinen, die der Mensch jemals gebaut hat. Die Düsen oder Leitapparate, durch welche der Dampfstrahl geformt wird, die Schaufeln des Laufrades, das Rad selbst und alle weiteren Teile werden genau berechnet und hergestellt.

Bei der Dampfturbine Abb. 37 tritt der Dampf mit großer Geschwindigkeit aus den Düsen auf die Schaufeln. Die Folge davon ist, daß sich das Schaufelrad sehr schnell dreht. Es macht etwa 10000 — 30000 Umdrehungen in der Minute. Diese hohe Umlaufzahl ist für andere Maschinen nicht zu gebrauchen. Man muß sie durch Zahnrädervorgelege auf etwa 1000 — 3000 Umdrehungen in der Minute verringern. In dem Zahnrädervorgelege geht jedoch viel Arbeit durch Reibung verloren. Man baut deshalb heute Turbinen mit mehreren Schaufelrädern und läßt den Dampf nacheinander auf die einzelnen Schaufelkränze wirken. Dadurch wird in jedem Schaufelkranz nur ein Teil der Geschwindigkeit des Dampfes ausgenutzt. Die Umlaufzahl der Turbine sinkt auf etwa 2000—3000 Umdrehungen in der Minute. Mit dieser Umlaufzahl läßt sich die Turbine schon in vielen Fällen ohne Rädervorgelege verwenden. Abb. 40 zeigt das Äußere einer solchen Dampfturbine, wie sie von der Maschinenbauanstalt Humboldt (Köln-Kalk) gebaut wird; sie ist mit einer Dynamomaschine gekuppelt. In Abb. 38 und 39 sind zwei weitere Ausführungen von Dampfturbinen dargestellt.

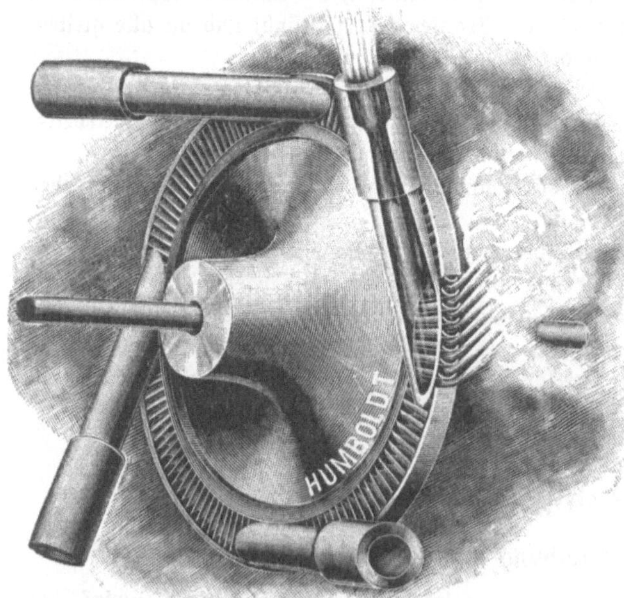

Abb. 37. Wirkungsweise der Dampfturbine.

b) Anwendung, Vorteile und Nachteile.

Die Dampfturbine findet in der Hauptsache Anwendung zum Antrieb von Maschinen mit hoher Umlaufzahl, z. B. Dynamomaschinen, Zentrifugalpumpen, Kompressoren, Ventilatoren usw. Meist wird

Abb. 38. Dampfturbine gekuppelt mit Ventilator.

Abb. 39. Dampfturbine gekuppelt mit Zentrifugalpumpe.

Abb. 40. Dampfturbine gekuppelt mit Dynamo.

sie mit diesen Maschinen direkt gekuppelt.

Die Vorteile der Dampfturbine im Vergleich zur Dampfmaschine sind folgende:

1. Die Dampfmaschine hat besonders durch das Kurbelgetriebe viele Lager= und Gelenkstellen. An diesen Stellen entsteht Reibung, wodurch viel Kraft verloren geht. Die Dampfturbine hat kein Kurbelgetriebe und somit weniger Reibungsstellen. Die Reibungsverluste sind also bei der Turbine kleiner.

2. Da die Dampfturbine weniger Reibungsstellen hat, braucht sie auch weniger Schmierung, Wartung und Bedienung.

3. Die Dampfmaschine hat viele Dichtungsstellen (Kolben, Stopfbüchsen, Ventile, Schieber usw.). Diese werden leicht undicht, wodurch Dampfverluste entstehen. Die Turbine hat weniger Dichtungsstellen und ist hierdurch im Vorteil.

4. Ein weiterer Vorteil ist der geringe Platzbedarf und das geringe Gewicht der Turbine. Sie eignet sich daher zur Verwendung auf Schiffen. Die großen Schiffe werden jetzt meist durch Dampfturbinen angetrieben. Ebenso wird die Dampfturbine vielfach in Elektrizitätswerken zum Antrieb von Dynamomaschinen benutzt.

Ein Nachteil der Turbine ist ihre verhältnismäßig hohe Umlaufzahl. Sie kann ferner nicht mit voller Last anlaufen. Für den Antrieb von Transmissionen in Werkstätten kann sie daher schlecht gebraucht werden. Hierfür ist die Dampfmaschine geeigneter, ebenso für Lokomotiven, Walzenzugmaschinen, Fördermaschinen und dgl.

c) Wartung der Dampfturbine.

Wie die Kolbendampfmaschine muß auch die Dampfturbine vor dem Anlassen angeheizt werden, damit der Frischdampf nicht an den kalten Wandungen und Schaufeln kondensiert. Doch ist ein Wasserschlag bei der Turbine nicht möglich. Die Heizung erfolgt durch Dampf, der meist durch besondere Heizventile in die Turbine gelassen wird. Durch Öffnen des Absperrventils wird die Turbine angelassen. Zu bemerken ist, daß die Turbine nicht mit voller Last anlaufen kann, da sie ihre Leistung erst bei hoher Umlaufzahl entwickelt. Dampfturbinen eignen sich also nicht für den Antrieb von Lokomotiven, Fördermaschinen und dgl.

Die Bedienung der Dampfturbine ist wesentlich einfacher als die der Kolbenmaschine, weil sie viel weniger Lagerstellen besitzt. Es ist ein Hauptvorteil der Turbine, daß sie so geringer Wartung bedarf und erheblich weniger Öl verbraucht, als die Kolbenmaschine.

5. Die Verbrennungsmotoren.

a) Allgemeines.

Bei den Dampfkraftanlagen wird der Brennstoff unter dem Kessel verbrannt. Die entstehende Wärme wandert durch die Kesselwandungen in das Wasser und verwandelt es in Dampf. Dieser wird durch eine Rohrleitung in den Zylinder der Dampfmaschine oder auf die Radschaufeln der Turbine geleitet, wo er vermöge seiner Spannkraft bzw. seiner Geschwindigkeit Arbeit leistet. Die Fähigkeit zur Arbeitsleistung hat er erst durch die Verbrennungswärme des Brennstoffes erhalten. Diese Verbrennungswärme muß jedoch oft einen langen Weg machen, bevor sie ausgenutzt wird, wodurch ein Kraftverlust entsteht. Es ist daher verständlich, wenn das Streben der Erfinder dahin ging, diesen Weg zu verkürzen und die Stelle der Wärmeerzeugung möglichst an die Wirkungsstelle zu verlegen. Aus diesem Streben sind die Verbrennungsmotoren entstanden. Die wichtigsten Verbrennungsmotoren sind: der Gasmotor, der Dieselmotor und der Automobilmotor.

b) Die Explosion.

Wenn Leuchtgas aus einer Gasleitung strömt, so vermischt es sich mit Luft. Kommt man mit einer offenen Flamme oder einem glühenden Körper diesem Gemisch von Gas und Luft nahe, so kann es sich entzünden und verbrennt dann je nach dem Mischungsverhältnis mit verschiedener Schnelligkeit. Eine sehr schnelle Verbrennung nennt man Explosion. Sie kann großen Schaden anrichten, Fenster und Wände eindrücken und ganze Häuser zertrümmern. Sie entwickelt oft ganz bedeutende Kräfte, die im vorliegenden Falle zerstörende Arbeit verrichten. Diese zerstörend wirkende Arbeit der Explosion wird in den Explosions= oder Verbrennungsmotoren nutzbringend verwendet (Gasmotoren).

Nicht nur Leuchtgas kann eine Explosion hervorrufen. Auch flüssige Brennstoffe, z. B. Benzin, Benzol, Spiritus, Petroleum usw. können leicht die Veranlassung zu heftigen Explosionen geben. Am meisten neigt Benzin hierzu. Benzin verdunstet sehr leicht, d. h. es verwandelt sich schnell in einen gasförmigen Zustand. Mischt sich dieses gasförmige Benzin mit Luft, so verhält sich das Gemisch ähnlich wie z. B. Leuchtgas mit Luft gemischt. Es wird also leicht explodieren. Für Benzol, Spiritus und Petroleum gilt dasselbe, wenn sie auch nicht so leicht vergasen wie Benzin. Diese Eigenschaft der flüssigen Brennstoffe, verdunsten zu können und dann, mit Luft gemischt, zu explodieren, wird ebenfalls in den verschiedenen Verbrennungsmotoren nutzbringend verwendet (Benzin=, Benzol=, Spiritus= und Petroleummotoren). Die Motoren für flüssige Brennstoffe finden hauptsächlich Anwendung bei Motorfahrzeugen wie: Automobilen, Feuerspritzen, Motorlokomotiven für Feld= und Grubenbahnen, Motorbooten usw. Außerdem werden sie viel in der Landwirtschaft gebraucht, wo Gas nicht zur Verfügung steht. Benzinmotoren treiben die Luftschrauben (Propeller) der Flugzeuge und Lenkballons (Zeppeline) an.

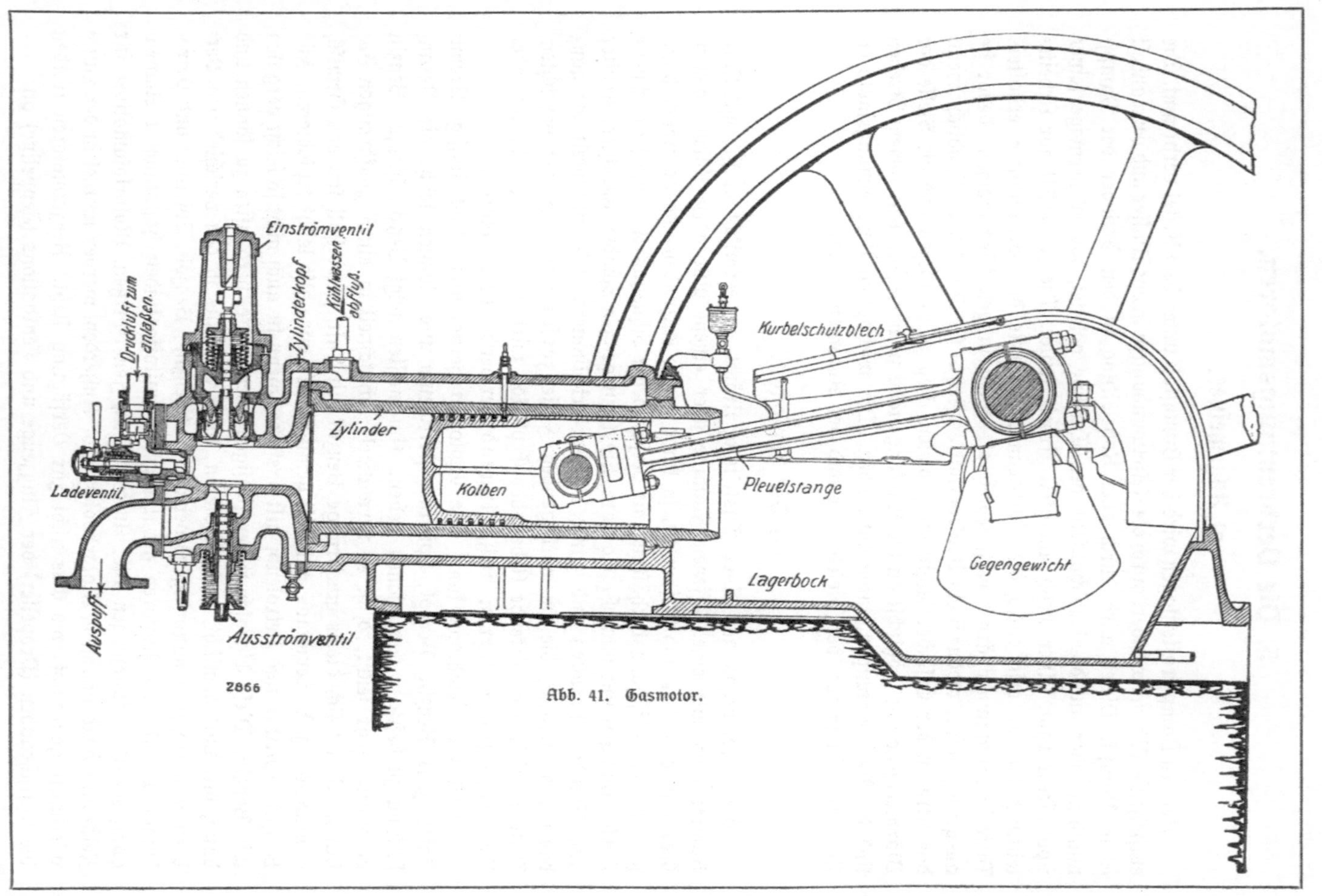

Abb. 41. Gasmotor.

6. Der Gasmotor.

a) Allgemeine Wirkungsweise des Gasmotors.

Abb. 41 zeigt einen Gasmotor, wie er von der Gasmotorenfabrik Deutz gebaut wird. Ein Gemisch von Gas und Luft strömt durch das Einströmventil in den Zylinder. Das Gemisch wird durch eine Zündvorrichtung zur Entzündung gebracht, wenn der Kolben nahe dem Deckel steht. Im Augenblick der Zündung explodiert das Gasgemisch. Der Explosionsdruck treibt den Kolben nach außen. Die Bewegung des Kolbens wird durch Pleuelstange und Kurbel auf eine Kurbelwelle mit Schwungrad übertragen. Auf der Kurbelwelle sitzt meist eine Riemscheibe. Von dieser aus erfolgt der Antrieb der verschiedenen Arbeitsmaschinen. Beim Rückgange des Kolbens strömen die verbrauchten Gase durch das Ausströmventil ins Freie.

b) Beschreibung der Einzelteile.

Der Zylinder ist als Rohr ausgebildet und läßt sich daher leicht auswechseln und ausbauen. Das Auswechseln und Ausbauen des Zylinders ist notwendig, weil er stark dem Verschleiß ausgesetzt ist. In dem Zylinderrohr kann sich der langgestreckte Kolben hin und her bewegen. Durch den langen Kolben wird ein Kreuzkopf gespart. Der Kolben ist durch eine Anzahl Kolbenringe gut gegen die Zylinderwandung abgedichtet. Er überträgt seine Bewegung durch eine Pleuelstange und Kurbel auf die Kurbelwelle mit Schwungrad. Hinten ist der Zylinder durch einen Deckel, den sogenannten Zylinderkopf, abgeschlossen. Dieser trägt das Ein= und Ausströmventil. Die Ventile regeln den Ein= und Auslaß des Gasgemisches für den Zylinder. Das Öffnen und Schließen der Ventile erfolgt von einer Steuerwelle aus mit Hilfe von Hebelgestängen und Nockenscheiben. Die Steuerwelle erhält ihren Antrieb von der Kurbelwelle aus und macht nur halb soviel Umdrehungen als diese.

Wie bei der Dampfmaschine, so muß auch der Gang des Gasmotors reguliert werden. Dies geschieht meist durch einen Zentrifugalregulator. Der Regulator ändert den Hub des Einströmventils. Dieses wird sich also mehr oder weniger öffnen, und somit strömt mehr oder weniger Gasgemisch in den Zylinder. Eine Folge davon ist, daß eine stärkere oder schwächere Explosion im Zylinder stattfindet. Der Motor paßt sich dadurch seiner Belastung an.

Die Entzündung des Gasgemisches erfolgt durch einen elektrischen Funken. Der hierzu erforderliche Strom wird in einem besonderen magnetelektrischen Zündapparat erzeugt.

Zylinder und Zylinderkopf werden durch die sich wiederholenden Explosionen sehr stark erhitzt. Sie müssen deshalb gekühlt werden und sind mit Kühlräumen versehen. Durch diese Kühlräume leitet man kaltes Wasser. Das Wasser tritt unten, nahe am Auslaßventil, ein. Es umströmt dann die Ventile im Zylinderkopf sowie den Zylinder und fließt oben ab.

Bei kleineren Verbrennungsmotoren kühlt man auch durch Luft, die von außen an dem Zylinder vorbeistreicht. Um eine größere Abkühlungsfläche zu erzielen, versieht man den Zylinder außen mit Rippen. (Zweiradmotor, Umlaufmotor für Flugzeuge usw.)

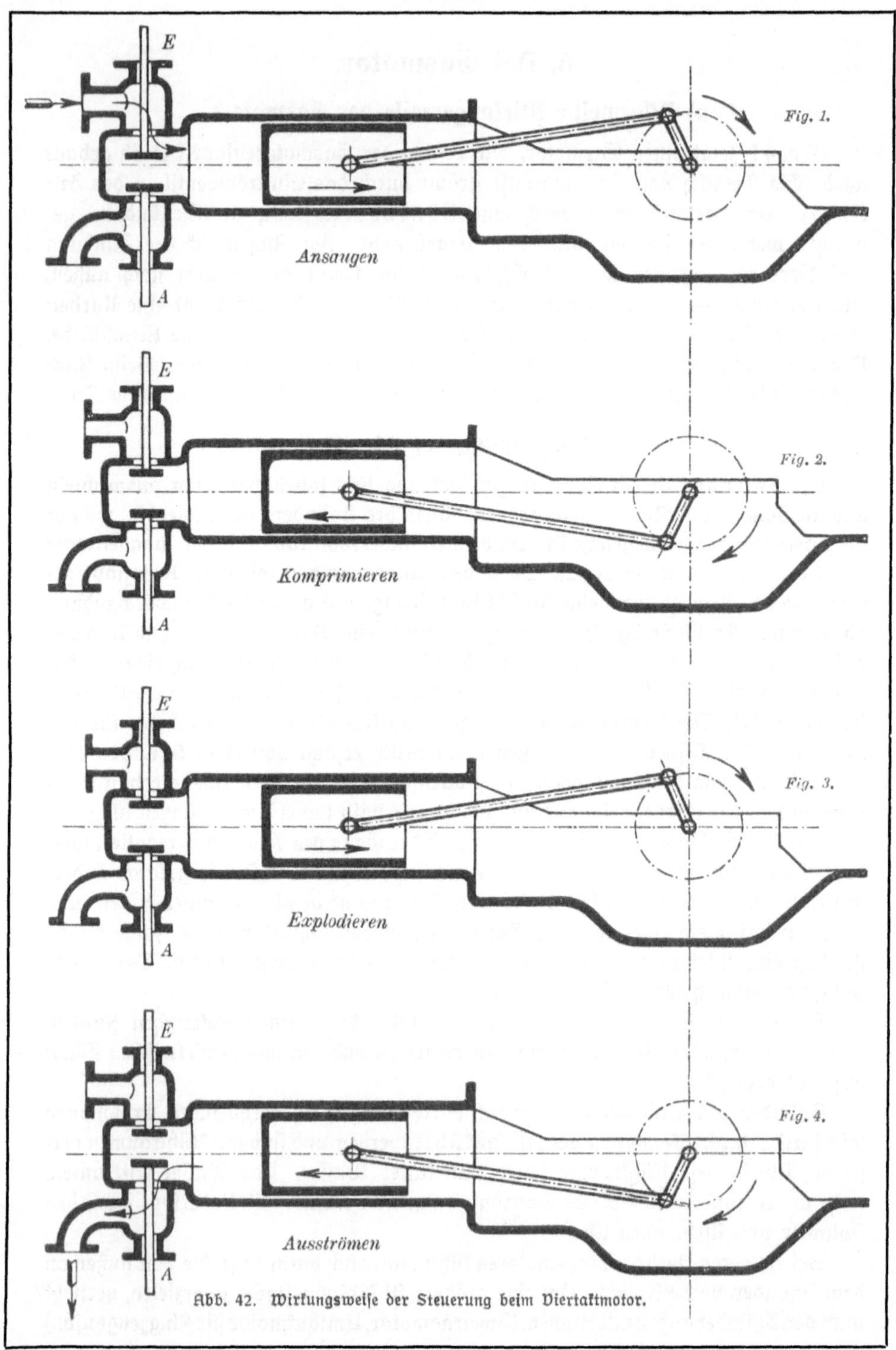

Abb. 42. Wirkungsweise der Steuerung beim Viertaktmotor.

c) Arbeitsvorgang im Zylinder.

In den Figuren 1—4 der Abb. 42 ist der Arbeitsvorgang im Zylinder des Gasmotors dargestellt. Befindet sich der Kolben in seiner äußersten Stellung links, so nennt man dies die linke Totlage. Seine äußerste Stellung rechts bezeichnet man als rechte Totlage. Einen vollständigen Hin= oder Hergang des Kolbens nennt man Kolbenhub.

Fig. 1. Der Kolben bewegt sich nach rechts. Das Einströmventil ist geöffnet, während das Ausströmventil geschlossen ist. Durch das Einströmventil wird während des ganzen Kolbenhubes ein Gemisch von Gas und Luft angesaugt. Dies bezeichnet man mit Ansaugen.

Fig. 2. Der Kolben bewegt sich nach links. Ein= und Ausströmventil sind geschlossen. Das Gemisch im Zylinder wird auf einen kleineren Raum zusammengedrückt. Dies nennt man Komprimieren.

Fig. 3. In der linken Totlage wird das Gemisch durch einen elektrischen Funken entzündet. Es erfolgt eine Explosion, die eine Ausdehnung — Expansion — der Verbrennungsgase zur Folge hat, wodurch der Kolben nach rechts getrieben wird. Die hierbei geleistete Arbeit wird durch das Kurbelgetriebe auf die Kurbelwelle über= tragen. Diesen Vorgang bezeichnet man mit Explodieren.

Während der Explosion sind beide Ventile geschlossen.

Fig. 4. Der Kolben bewegt sich wieder nach links. Das Ausströmventil ist ge= öffnet, das Einströmventil geschlossen. Während des ganzen Kolbenhubes werden die verbrannten Gase durch das Ausströmventil ins Freie ausgestoßen. Dies nennt man Ausströmen.

Jeder einzelne Kolbenhub wird mit Takt bezeichnet.

| 1. Takt: | 2. Takt: | 3. Takt: | 4. Takt: |
| Ansaugen, | Komprimieren, | Explodieren, | Ausströmen. |

Ein Gasmotor, bei dem die vier Takte so aufeinander folgen, heißt Viertakt= motor. In dieser Weise arbeiten die meisten Verbrennungsmotoren.

Beim Viertaktmotor wird also unter vier Kolbenhüben nur bei einem Kolben= hub, und zwar bei dem dritten Hub, Arbeit geleistet. Die drei anderen Hübe müssen durch die lebendige Kraft des Schwungrades ausgeführt werden. Da der Motor erst beim dritten Hube Arbeit leistet, muß er auch durch eine andere Kraft in Betrieb gesetzt werden. Dies geschieht bei kleineren Motoren durch Andrehen von Hand, bei größeren durch Druckluft.

Außer den Viertakt=Gasmotoren baut man noch Zweitakt=Gasmotoren. Bei diesen gibt es nur zwei Takte, und zwar ist jeder zweite Hub oder Takt ein Ar= beitshub. Das Ansaugen und Ausströmen, wie wir es beim Viertaktmotor haben, fällt hier fort. An Stelle des Ansaugens von Gas und Luft wird das Gemisch dem Zylinder durch eine besondere Ladepumpe zugeführt. Nach erfolgter Explosion wer= den die verbrannten Gase nicht ausgestoßen, sondern der Zylinder wird durch eine Spülpumpe mit frischer Luft ausgespült. Lade= und Spülpumpe werden oft durch entsprechende Bauart des Motors ersetzt (vgl. Automobilmotor S. 46).

Der Zweitaktmotor hat einen gleichmäßigeren Gang als der Viertaktmotor. Er hat jedoch keine große Verbreitung gefunden, da der Viertaktmotor im Betrieb zuverlässiger ist.

d) Arten der Gasmotoren.

1. In bezug auf die Bauart unterscheidet man liegende Motoren (Abb. 43) und stehende Motoren. Bei den stehenden Motoren kann die Kurbelwelle unten oder oben liegen. Bis etwa 200 PS ist die liegende und stehende Anordnung gleichmäßig verbreitet. Bei größeren Motoren wendet man jedoch fast nur die liegende Form an. Abb. 43 zeigt das Bild eines liegenden Gasmotors der Gasmotorenfabrik Köln-Deutz.

Abb. 43. Gasmotor.

2. Der bisher besprochene Motor arbeitet nur auf einer Seite; er ist ein einfachwirkender Motor. Großgasmaschinen baut man dagegen meist als doppeltwirkende Motoren.

3. Große Motoren erfordern große Abmessungen des Zylinders, des Kurbelgetriebes usw. Infolgedessen vereinigt man oft mehrere kleinere Zylinder zu einer Maschine. Diese nennt man Mehrzylindermaschinen.

e) Der Brennstoff des Gasmotors.

Als Brennstoff verwendet man beim Gasmotor: Leuchtgas, Gicht- oder Hochofengas, Koksofengas und Kraftgas.

Leuchtgas ist diejenige Gasart, die man zuerst für den Betrieb des Gasmotors gebraucht hat. Man gewinnt es in besonderen Leuchtgasanstalten (vgl. Teil I, S. 88). Es ist verhältnismäßig teuer und kommt daher heute nur noch für kleinere Motoren in Frage.

Gicht- oder Hochofengas wird als Nebenprodukt im Hochofen gewonnen (vgl. Teil I, S. 5). Es findet für große Motoren auf Hüttenwerken Verwendung und bildet dort eine billige Betriebskraft.

Koksofengas entsteht bei der Verkokung der Steinkohle zu Hüttenkoks. Es ist dem Leuchtgas sehr ähnlich und dient daher ebenfalls zur Beleuchtung. Auf den Hüttenwerken selbst wird es aber auch zum Betriebe großer Gasmotoren verwendet (vgl. Teil I, S. 84).

Kraftgas wird dadurch gewonnen, daß man Kohle in besonderen Apparaten (Generatoren) in Gas umwandelt (vgl. unten). Das Kraftgas ist billig und wird heute fast ausschließlich als Brennstoff für Gasmotoren benutzt.

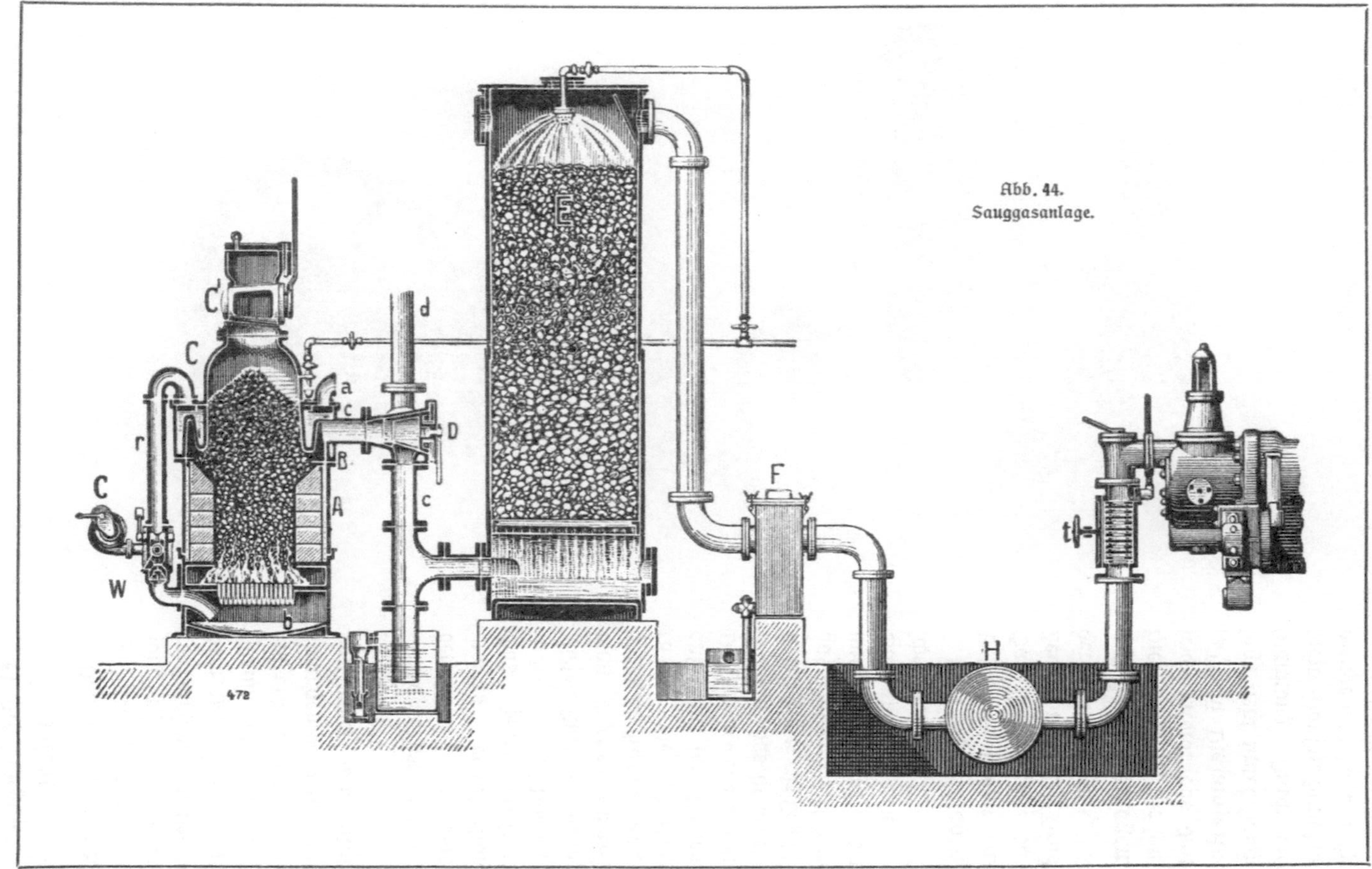

Abb. 44.
Sauggasanlage.

Abb. 45. Sauggasanlage mit Motor.

f) Die Sauggas=anlage.

Das Leuchtgas ist ver=hältnismäßig teuer. In=folgedessen sind die Be=triebskosten, insbeson=dere für große Leucht=gasmotoren, sehr hoch. Außerdem ist man ge=zwungen, das Leuchtgas von einer Gasanstalt zu beziehen.

Man erzeugt das für den Betrieb des Gas=motors erforderliche Gas heute meistens in besonderen Anlagen. Diese Anlagen nennt man Gaserzeuger oder auch Gasgenera=toren. Sie sind Gas=anstalten im kleinen. Das in den Generatoren erzeugte Gas ist bedeu=tend billiger als Leucht=gas, und der Betrieb ist unabhängig von der Gasanstalt. Man unter=scheidet:

1. Druckgasanlagen. Bei diesen strömt das Gas, ähnlich wie das Leuchtgas, unter Druck der Maschine zu.

2. Sauggasanlagen. Hier saugt sich der lau=fende Motor das Gas selbst an. Die ganze An=lage steht unter Saug=spannung. Durch un=dichte Flansche kann das giftige Gas daher nicht in den Arbeitsraum aus=

treten. Deshalb haben die Sauggasanlagen heute die Druckgasanlagen nahezu verdrängt.

In Abb. 44 ist eine Sauggasanlage dargestellt. Sie besteht in der Hauptsache aus dem Generator *A* und dem Skrubber *E*.

Der Generator ist ein Schachtofen, der mit feuerfestem Material ausgefüttert ist. Auf dem Rost des Generators wird Kohle (Steinkohle, Braunkohle oder Koks) aufgeschichtet und verbrannt. Der eigentliche Schacht *A* des Generators ist durch einen Deckel *B* abgeschlossen, der innen als Schale ausgebildet ist. Diese Schale ist mit Wasser gefüllt. Auf dem Deckel *B* sitzt ein Kohlenaufnehmer *C*, der durch einen Doppelverschluß *C'* abgeschlossen ist. Der Doppelschluß verhindert, daß beim Einfüllen frischer Kohlen die heißen Gase austreten können oder daß Außenluft eintreten kann. Beim Verbrennen der Kohle wird das Wasser in der Schale zum Verdampfen gebracht. Durch die Saugwirkung des Motors beim Saughub gelangt durch die Öffnung *a* Luft in die Verdampferschale. Diese streicht über den Wasserspiegel und mischt sich mit Wasserdampf. Von hier aus gelangt das Gemisch von Luft und Wasserdampf durch das Rohr *r* in den Aschenkasten *b* und unter den Rost. Es steigt dann durch die glühende Brennstoffschicht nach oben. Hierbei bildet sich aus Luft, Wasserdampf und Kohle Kraftgas. Dieses Gas gelangt durch die Rohrleitung *c* unter den Rost des Skrubbers. Die Rohrleitung *c* ist mit einem Dreiweghahn *D* versehen.

Der Skrubber ist ein Blechzylinder, der mit porösem Material, z. B. Koks, angefüllt ist. Durch eine Brause rieselt von oben fortwährend Wasser auf den Koks. Das Wasser sammelt sich im unteren Teil des Skrubbers und fließt durch einen Überlaufkasten ab. Das Wasser im Überlaufkasten verhindert den Eintritt von Luft in den Skrubber. Vom Rost des Skrubbers steigt das Gas durch den Koks hindurch nach oben, dem Wasserstrom entgegen. Dabei lagern sich die Verunreinigungen des Gases auf dem Koks ab, und gleichzeitig wird das Gas gekühlt.

Oben am Skrubber ist eine Rohrleitung angeschlossen, durch die das Gas in einen Teerabscheider *F* und dann in einen Sammelkessel *H* gelangt. Kurz vor dem Motor befindet sich noch ein Schlußreiniger *t*, so daß das Gas genügend rein in den Motor gelangt. Aus dem Sammelkessel saugt der Motor bei jedem Saughub das erforderliche Gas heraus.

Soll die Anlage stillgesetzt werden, so stellt man den Dreiweghahn so ein, daß das Innere des Generators mit dem Kamin *d* in Verbindung steht und nicht mit dem Skrubber.

Zum Inbetriebsetzen muß das Feuer im Generator zunächst durch einen Ventilator *G* angefacht werden. Man stellt dann die Wechselklappe *W* so ein, daß die Luft des Ventilators unter den Rost, aber nicht in die Dampfluftleitung kann. Die Gase läßt man etwa 10 Minuten durch den Kamin *d* ins Freie entweichen. Dann schließt man den Kamin ab und leitet das Gas zum Skrubber und damit weiter zum Motor.

Nun wird die Wechselklappe wieder umgelegt und der Motor in Gang gebracht. In Abb. 45 ist eine Sauggasanlage mit Motor dargestellt.

g) Wartung des Gasmotors.

Bei der Wartung des Gasmotors gelten die gleichen Vorschriften über Sauber=
keit, Ordnung und Schmierung der äußeren Teile wie bei der Dampfmaschine. Zu
bemerken ist jedoch, daß der Gasmotor im Innern auch verschmutzt. An den Wan=
dungen des Verbrennungsraumes, dem Zünder, den Ventilen, Spindeln, Kolben und
Kolbenringen bilden sich Krusten von Verbrennungsrückständen, die zu Betriebs=
störungen führen können. Sie können z. B. zum Glühen kommen und bringen dann
das Gasgemisch vorzeitig, also während der Kompression, zur Explosion; die Ventil=
spindeln verschmieren sich, ebenso die Ventile, die dann nicht mehr dicht halten.
Das gilt auch von den Kolbenringen. Besonders häufig versagt die Zündung in=
folge solcher Verschmutzung. Die Krusten setzen sich an der Zündkerze fest und bil=
den auf der Funkenstrecke eine leitende Brücke, die der elektrische Strom benutzen
kann, anstatt als Funken den Luftraum zu überspringen und zu zünden. Der Motor
ist deshalb regelmäßig im Innern gründlich zu reinigen.

An die Stelle der Heizung bei der Dampfmaschine tritt beim Gasmotor die
Wasserkühlung, die dauernd zu beobachten ist. Meist ist der Abfluß des Wassers
so eingerichtet, daß man den abfließenden Wasserstrom bequem sehen und durch
Anfühlen auf seine Temperatur prüfen kann. Diese soll nicht über $50^0—60^0$ be=
tragen. Ein längeres Ausbleiben des Kühlwassers hat eine übermäßige Erhitzung
des Motors zur Folge, die mit Vorzündungen, oft auch Brüchen des Deckels, des
Kolbens oder Zylinders verbunden ist. Reines, nicht kalkhaltiges Wasser ist zu
verwenden, damit sich die Kühlräume nicht verschmutzen. Wegen der Gefahr des
Einfrierens soll, wenigstens im Winter, nach Stillsetzung des Motors alles Kühl=
wasser abgelassen werden.

Das Anlassen des Motors gestaltet sich schwieriger als bei der Dampfmaschine,
weil der Motor sein Treibmittel, den Brennstoff, ja nur durch seinen eigenen Gang
ansaugen kann, während der Dampf der Maschine mit Druck zuströmt. Ein Gas=
motor muß daher zunächst solange von außen her angetrieben werden, bis er sich
ein zündfähiges Gemisch selbst angesaugt und entzündet hat. Dieser erste Antrieb
erfolgt bei kleineren Motoren von Hand am Schwungrad oder durch besondere
Kurbeln, bei größeren Maschinen meist durch gepreßte Luft, für deren Beschaffung
und Aufbewahrung besondere Einrichtungen in Verbindung mit dem Motor ge=
troffen werden. Natürlich kann man durch diese Mittel nicht die Transmission,
die etwa am Motor hängt, gleich mit bewegen. Der Motor muß vielmehr völlig
entlastet werden (Ausrückkuppelung). Ferner hält man durch besondere Vorrichtung
das Auslaßventil etwas offen, damit der Kompressionsdruck niedrig bleibt. Die
Zündung wird so eingestellt, daß sie erst nach der Totlage erfolgen kann. Durch
die erste Zündung und Explosion kommt der Motor in Gang. Durch Umschalten
der Auslaßventilsteuerung und der Zündung auf den Betriebsstand erreicht der
Motor dann bald seine volle Umlaufzahl und kann darauf belastet werden. Der
Gasmotor läuft also nicht mit voller Last an. Das ist ein Nachteil.

Im übrigen achte der Maschinist auch hier auf jedes unregelmäßige Geräusch
im Betriebe des Motors, weil es immer auf unregelmäßiges Arbeiten hinweist.

7. Der Dieselmotor.

Dieser Motor ist von dem Ingenieur Diesel erfunden worden. Als Brennstoff verwendet man nicht Gas, sondern verschiedene Öle wie: Rohöl, Teeröl, Paraffinöl, Solaröl, Gasöl usw.

Der Dieselmotor ist in Abb. 46 schematisch dargestellt und arbeitet in folgender Weise:

1. Hub. Der Kolben K saugt beim Niedergang durch das Ansaugeventil E reine Luft in den Zylinder.

2. Hub. Das Ventil E wird geschlossen. Der Kolben drückt die angesaugte Luft beim Aufwärtsgang zusammen und verdichtet sie auf 40 at. Dadurch wird die Luft auf $500^0 - 600^0$ C erhitzt.

3. Hub. In der oberen Totlage des Kolbens wird durch das Brennstoffventil B mittels einer Druckpumpe Brennstoff eingespritzt. Der Brennstoff entzündet sich sofort an der heißen Luft ohne besondere Zündvorrichtung. Er verbrennt, und die Verbrennungsgase treiben den Kolben mit großer Kraft abwärts. Dies ist der Arbeitshub.

4. Hub. Der Kolben bewegt sich wieder nach oben. Das Ausströmventil A hat sich geöffnet, so daß die verbrannten Gase ins Freie entweichen können. Dann wiederholt sich der Vorgang.

Beim Dieselmotor kommt also auch auf vier Hübe oder Takte ein Arbeitshub. Er ist ebenfalls ein Viertaktmotor.

Um den Arbeitsvorgang des Dieselmotors zu ermöglichen, muß der in den Zylinder eingespritzte Brennstoff in der kurzen Zeit, die der Verbrennung zur Verfügung steht, fein zerstäubt werden. Dies erreicht man dadurch, daß dem Brennstoff beim Einspritzen hochgespannte Luft beigemengt wird, die ihn in feinste Teilchen zerstäubt. Zur Erzeugung dieser Einspritz-Preßluft ist ein besonderer Hochdruck-Kompressor erforderlich. Es ist dies ein unerwünschter und teurer Nebenapparat, der stets eine gewisse Betriebsgefahr bildet.

Neuerdings ist es gelungen, die erforderliche feine Zerstäubung des Brennstoffes ohne Kompressor und sonstige Einspritzvorrichtungen durchzuführen. Der ohne Druckluft in den Zylinder eingespritzte Brennstoffstrahl wird mit Hilfe eines im Brennraum erzeugten

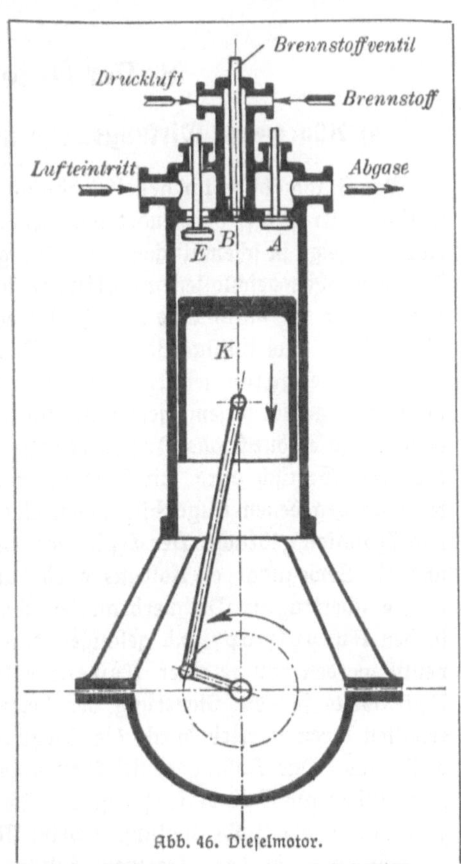

Abb. 46. Dieselmotor.

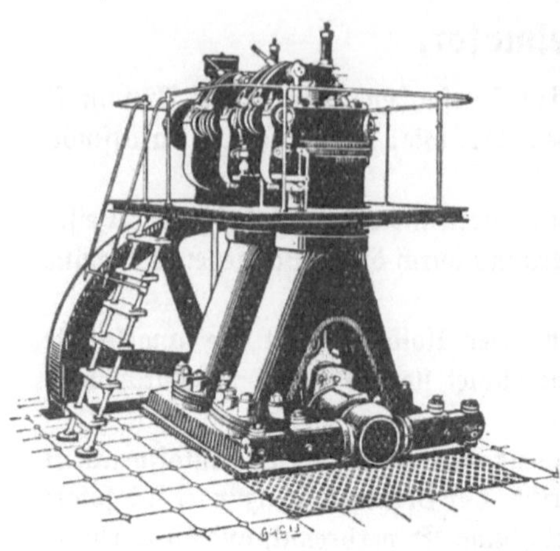
Abb. 47. Dieselmotor.

Luftwirbels zerstäubt. Zu diesem Zweck sind Kolben und Verbrennungsraum des Zylinders so ausgebildet, daß die Luft im Zylinder gegen Ende des 2. Taktes kurz vor der Totlage in wirbelnde Bewegung versetzt wird. Den in dieser Weise arbeitenden Motor bezeichnet man als kompressorlosen Dieselmotor.

Der Hauptvorteil des Dieselmotors liegt in dem Wegfall der Zündvorrichtung sowie in der Möglichkeit, billige Brennstoffe benutzen zu können. Der Dieselmotor wird meistens in stehender Bauart ausgeführt. Abb. 47 zeigt das Bild eines Dieselmotors der Gasmotorenfabrik Köln-Deutz.

8. Der Automobilmotor.

a) Allgemeine Wirkungsweise und Beschreibung der Einzelteile.

Der Automobilmotor arbeitet ähnlich wie der Gasmotor (s. S. 36). Als Brennstoff oder Kraftstoff verwendet man jedoch nicht Gas, sondern Benzin oder Benzol. Abb. 48 zeigt in schematischer Darstellung den Schnitt durch einen Automobilmotor. In einem oben geschlossenen Zylinder kann sich ein Kolben auf- und abbewegen. Der Kolben ist durch eine Anzahl Kolbenringe gut gegen die Zylinderwandung abgedichtet. Das flüssige Benzin oder Benzol wird durch einen besonderen Apparat, den man Vergaser nennt, in einen gasförmigen Zustand übergeführt. Ein Gemisch von gasförmigem (feinzerstäubtem) Benzin oder Benzol und Luft gelangt vom Vergaser durch das Ansaugerohr und das Einströmventil in den Zylinder. Das Gemisch wird mit Hilfe einer Zündvorrichtung, die an einer Zündkerze im gegebenen Augenblick einen elektrischen Funken erzeugt, zur Entzündung und Explosion gebracht. Der Explosionsdruck treibt den Kolben nach unten (Abb. 48), und die Bewegung des Kolbens wird durch die Pleuelstange auf die Kurbelwelle übertragen. Die verbrannten Gase strömen durch das Ausströmventil in den Auspufftopf und gelangen dann ins Freie. Das Ein- und das Ausströmventil werden von je einer Nockenwelle N gesteuert. Vielfach ist auch nur eine Nockenwelle für die Steuerung der beiden Ventile vorhanden. Die Nockenwellen erhalten ihren Antrieb durch die Zahnräder: Z_1, Z_2 und Z_3 von der Kurbelwelle aus. Das Ansaugeventil kann auch ein ungesteuertes, automatisches Ventil sein. Oben am Zylinderkopf befindet sich ein Hahn, der sog. Zischhahn. Er dient zum Prüfen der Kolbenstellungen beim Mehrzylindermotor und damit zum Prüfen der Zündfolge in den einzelnen Zylindern. Durch den Zischhahn ist ferner ein

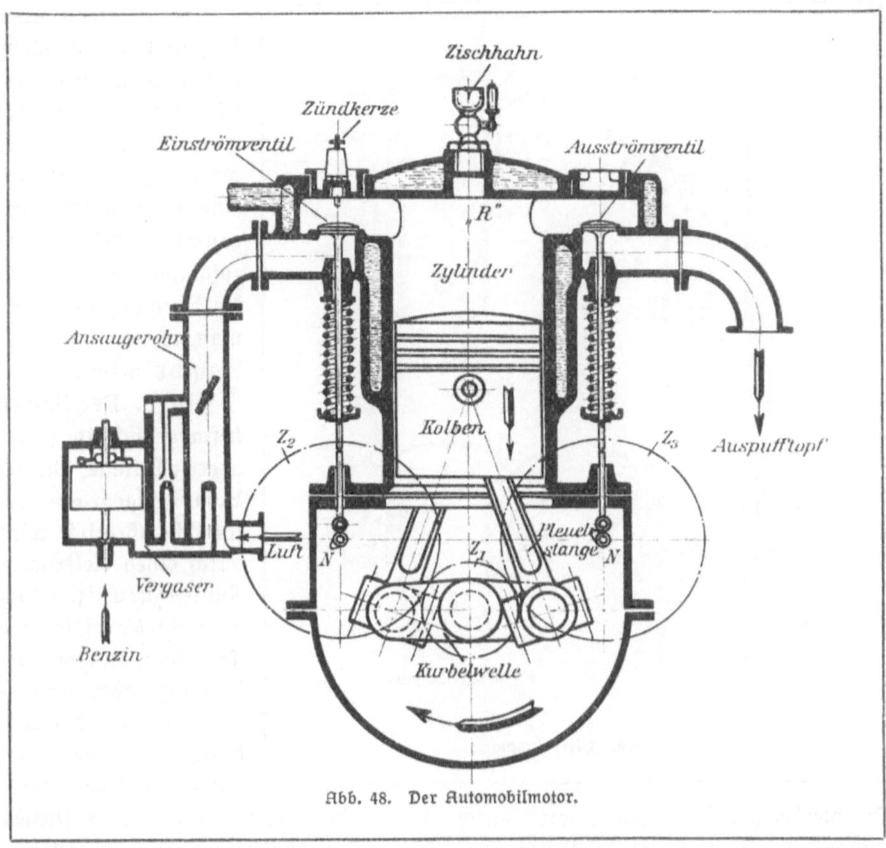

Abb. 48. Der Automobilmotor.

Einspritzen von Kraftstoff zum Anlaſſen des Motors in beſonderen Fällen möglich. Den Raum „R" über dem Kolben bei höchſter Kolbenſtellung nennt man Kom=preſſionsraum oder auch Verbrennungskammer.

b) Arbeitsvorgang im Zylinder.

1. Der Viertaktmotor. Die Automobilmotoren ſind meiſt Viertaktmotoren. In den Fig. 1—4 der Abb. 49 iſt der Arbeitsvorgang im Zylinder des Viertakt=Automobilmotors dargeſtellt. Befindet ſich der Kolben K in ſeiner höchſten Stellung, ſo nennt man dies die obere Totlage. Befindet er ſich in ſeiner unterſten Stellung, ſo bezeichnet man dies als untere Totlage. Den Weg des Kolbens aus der oberen in die untere Totlage oder umgekehrt aus der unteren in die obere Totlage nennt man Hub.

Fig. 1. Der Kolben K bewegt ſich nach unten. Das Einſtrömventil E iſt geöffnet, während das Ausſtrömventil A geſchloſſen iſt. Während des ganzen Kolbenhubs wird ein Gemiſch von gasförmigem Benzin und Luft in den Zylinder Z angeſaugt. Dies nennt man Anſaugen.

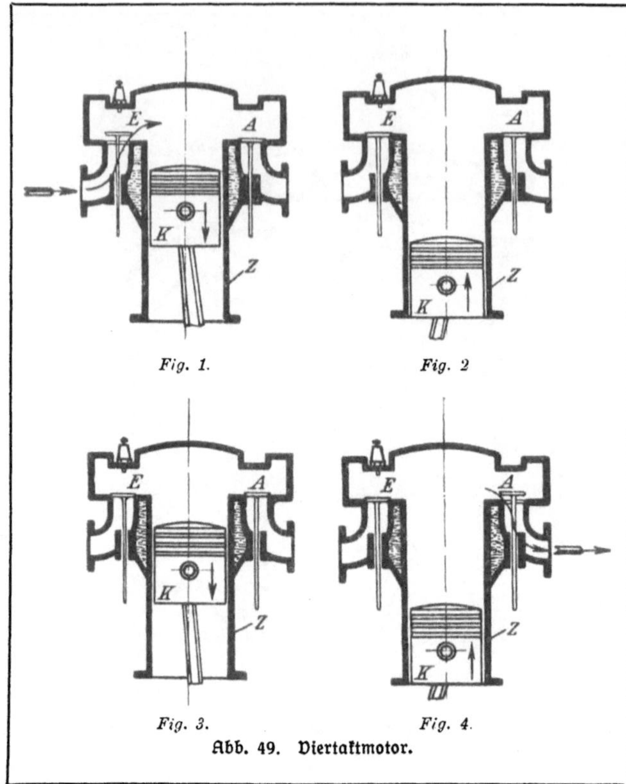

Fig. 1.   Fig. 2

Fig. 3.   Fig. 4.

Abb. 49. Viertaktmotor.

Fig. 2. Der Kolben bewegt sich nach oben. Ein= und Ausströmventil sind geschlossen. Das Gemisch im Zylinder wird auf einen kleinen Raum (Kompressions= raum) verdichtet oder zusammengedrückt. Die= sen Vorgang bezeichnet man mit Verdichten oder Komprimieren.

Fig. 3. Der Kolben befindet sich in seiner oberen Totlage. Das im Kompressionsraum be= findliche Gemisch wird durch einen elektrischen Funken zur Entzündung gebracht. Es erfolgt eine Explosion, die eine Aus= dehnung oder Expan= sion zur Folge hat, wo= durch der Kolben nach unten getrieben wird.

Die hierbei geleistete Arbeit wird durch die mit dem Kolben verbundene Pleuel= stange auf die Kurbelwelle übertragen. Diesen Vorgang bezeichnet man mit Ex= plodieren oder Arbeit.

Fig. 4. Der Kolben bewegt sich wieder nach oben. Das Ausströmventil ist geöffnet, das Einströmventil geschlossen. Die verbrannten Gase gelangen durch das Ausströmventil in den Auspufftopf und damit ins Freie. Dies nennt man Auspuffen oder Ausströmen.

Jeder einzelne Kolbenhub wid mit Takt bezeichnet.

1. Takt: 2. Takt: 3. Takt: 4. Takt:
Ansaugen,   Komprimieren,   Explodieren,   Ausströmen.

Der hier beschriebene Automobilmotor ist also ebenso wie der Gasmotor (vgl. Arbeitsweise des Gasmotors, S. 37) ein Viertaktmotor. Von vier Kolbenhüben wird nur bei einem Kolbenhub, und zwar beim dritten Hub, Arbeit geleistet.

2. Der Zweitaktmotor. Zweitaktmotoren finden nur wenig Verwendung als Automobilmotoren. Sie haben sich jedoch für Motorräder eingeführt. Die Arbeits= weise des Zweitaktmotors, der im Gegensatz zu dem beschriebenen Viertaktmotor ohne Ventile arbeitet, sei an Hand der schematischen Darstellung Abb. 50, Fig. 1 und 2 erläutert.

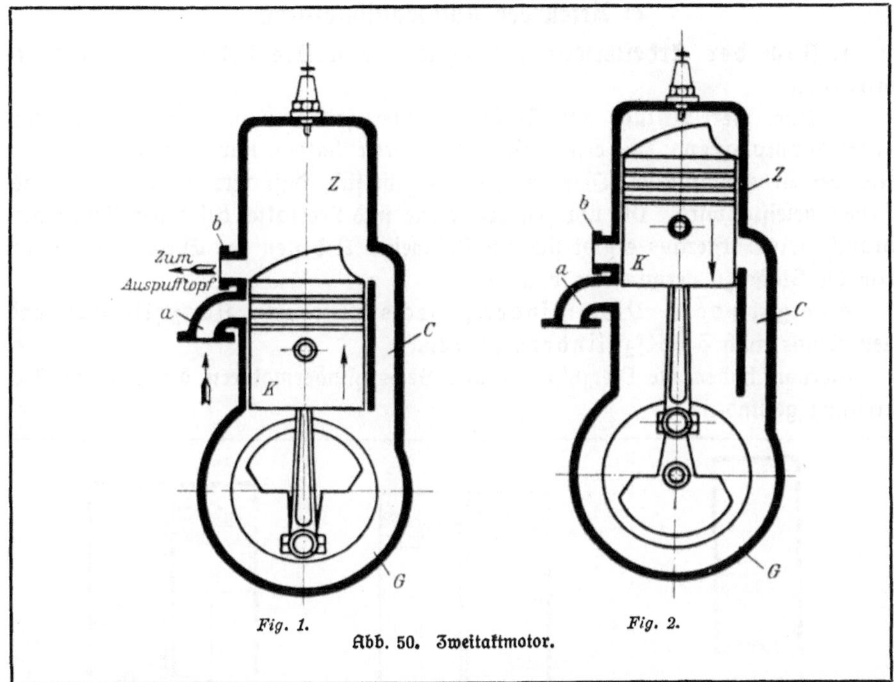

Abb. 50. Zweitaktmotor.

Der Zylinder Z, in dem sich ein Kolben K auf= und abbewegt, hat drei Ka= näle, und zwar:

1. den Ansaugekanal a, der den Vergaser mit dem Kurbelgehäuse G ver= bindet;

2. den Auspuffkanal b, der zum Auspufftopf führt;

3. den Verbindungskanal c, der den Zylinder Z mit dem Kurbelgehäuse G verbindet.

Fig. 1. Geht der Kolben von der unteren zur oberen Totlage, so gibt er den Ansaugekanal a frei. Das im Vergaser gebildete Gemisch von Luft und gasför= migem Benzin strömt unter dem Kolben in das Kurbelgehäuse G ein. Gleichzeitig wird im Zylinder über dem Kolben ein Gemisch von Luft und gasförmigem Benzin verdichtet oder komprimiert. Es ergibt sich also:

1. Takt: Ansaugen und Komprimieren.

Fig. 2. Der Kolben befindet sich in seiner oberen Totlage. Das komprimierte Gemisch von Luft und gasförmigem Benzin wird durch einen elektrischen Funken zur Entzündung gebracht. Es erfolgt die Explosion, und der Kolben wird nach unten getrieben. Bei seinem Abwärtsgange verdichtet er das beim Aufwärtsgange angesaugte und im Kurbelgehäuse befindliche Gemisch. Durch den inzwischen frei= gegebenen Verbindungskanal c wird das Gemisch in den Verbrennungsraum des Zylinders über dem Kolben gedrückt. Gleichzeitig werden die verbrannten Gase durch den freigegebenen Auspuffkanal b ins Freie gedrückt. Es ergibt sich also:

2. Takt: Explodieren und Ausströmen.

c) Arten der Automobilmotoren.

1. Nach der **Arbeitsweise** unterscheidet man Viertakt= und Zweitakt=motoren.

2. Nach der **Anzahl der Zylinder** unterscheidet man Ein= und Mehr=zylindermotoren. Die ersten Viertaktmotoren hatten nur einen Zylinder. Aus der Arbeitsweise des Viertaktmotors ergibt sich, daß nur beim dritten Takt Arbeit geleistet wird. Die übrigen drei Takte sind Leertakte, bei denen Arbeit ver=braucht wird. Hieraus ergibt sich ein stoßweises Arbeiten des Einzylindermotors. Um die Stöße zu vermindern, baut man:

Zweizylinder=, Vierzylinder=, Sechszylinder=, Achtzylinder= und neuerdings auch Zwölfzylindermotoren.

Hiervon haben die Vierzylinder= und Sechszylindermotoren die weiteste Ver=breitung gefunden.

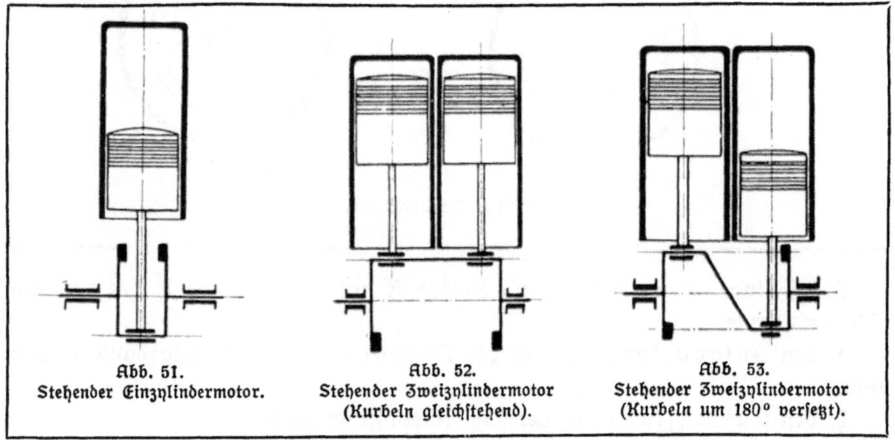

Abb. 51.
Stehender Einzylindermotor.

Abb. 52.
Stehender Zweizylindermotor
(Kurbeln gleichstehend).

Abb. 53.
Stehender Zweizylindermotor
(Kurbeln um 180° versetzt).

3. Nach der **Anordnung der Zylinder** unterscheidet man:

a) stehende Motoren (Abb. 51, 52, 53, 56, 57),

b) liegende Motoren (Abb. 54),

c) V=förmige Motoren (Abb. 55).

Im folgenden sei kurz die Arbeitsweise der wichtigsten Mehrzylindermotoren erläutert:

1. Zweizylindermotoren. Die Zweizylindermotoren werden entweder stehend (Abb. 52 und Abb. 53), liegend (Abb. 54) oder V=förmig (Abb. 55) gebaut.

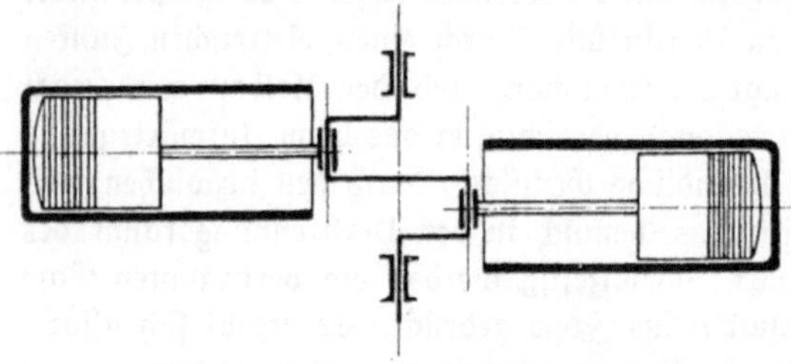

Abb. 54. Liegender Zweizylindermotor.

Beim Zweizylindermotor nach Abb. 52 sind die Kurbeln gleich=stehend. Es wechseln Arbeitstakte und Leertakte ab. Der Zwei=zylindermotor nach Abb. 53 hat um 180° gegeneinander versetzte Kurbeln. Auf zwei Arbeitstakte folgen zwei Leertakte. Beim

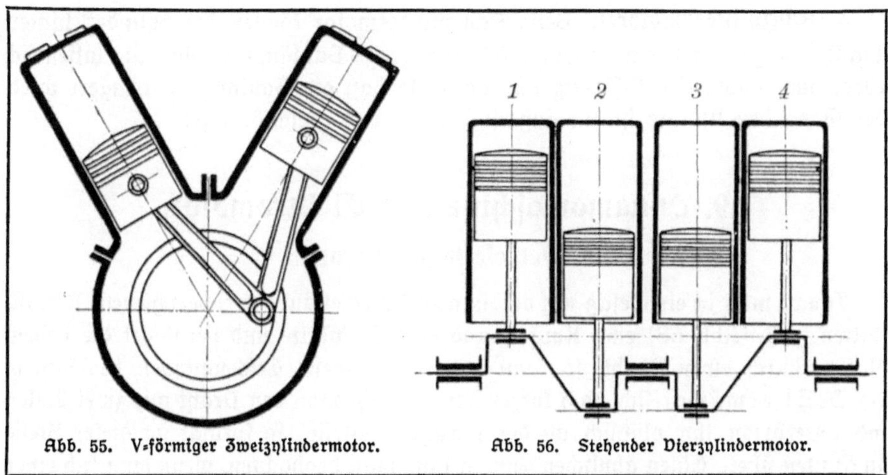

Abb. 55. V=förmiger Zweizylindermotor.   Abb. 56. Stehender Vierzylindermotor.

liegenden Zweizylindermotor wie auch beim V=förmigen Zweizylindermotor ist die Arbeitsweise die gleiche wie beim stehenden Zweizylindermotor mit gleichstehenden Kurbeln.

2. Vierzylindermotoren. Abb. 56 zeigt das Schema eines stehenden Vier=zylindermotors. Die Arbeitstakte folgen hierbei in Abständen einer halben Um=drehung aufeinander, und zwar erfolgt die Zündung der Reihenfolge nach in den Zylindern: 1—2—4—3 oder 1—3—4—2. Hierdurch wird der Gang des Viertakt=motors ausgeglichener und gleichförmiger, als dies beim Ein= oder Zweizylinder=motor der Fall ist.

3. Sechszylindermotoren. Abb. 57 zeigt das Schema eines Sechszylindermotors. Hier folgen die Zündungen und damit die Arbeitstakte nacheinander in den Zylin dern: 1—5—3—6—2—4, oder 1—3—2—6—4—5, oder 1—4—2—6—3—5 usw Die Arbeitstakte greifen ineinander über, so daß der Gang des Motors noch gleich=förmiger und ruhiger wird als beim Vierzylindermotor.

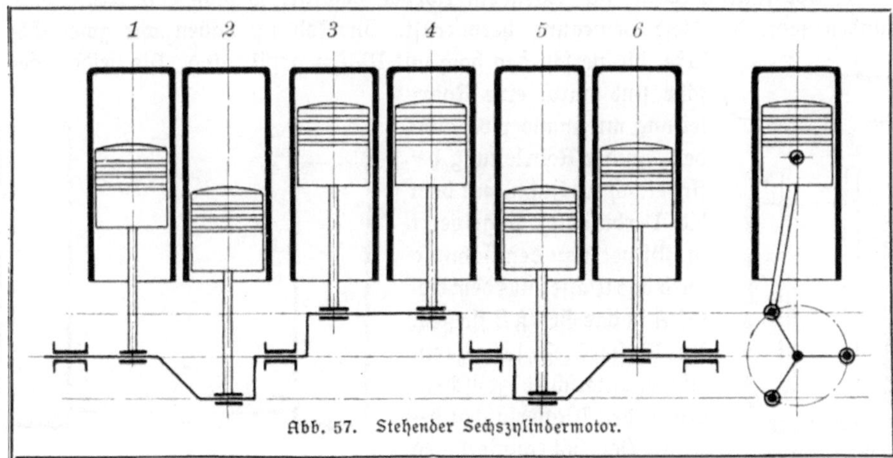

Abb. 57. Stehender Sechszylindermotor.

4. Achtzylindermotoren. Beim Achtzylindermotor können die Zylinder hinter=
einander angeordnet sein, wodurch sich eine große Baulänge ergibt. Sie laſſen sich
jedoch auch paarweiſe V=förmig anordnen, so daß die Baulänge verringert wird.
Der Gang des Motors ist ein äußerst ruhiger und gleichförmiger.

9. Dynamomaſchine und Elektromotor.

a) Der elektriſche Strom.

Taucht man in ein Gefäß mit verdünnter Schwefelſäure zwei verſchiedene Metall=
platten, z. B. (Abb. 58) eine Kupfer= und eine Zinkplatte und verbindet die beiden
Platten durch einen Draht, so kann man verſchiedene Erſcheinungen beobachten.
Der Draht erwärmt sich nach kurzer Zeit. Macht man den Draht aus zwei Teilen
und unterbricht ihn plötzlich an der Berührungsstelle, so springt an dieſer Stelle
ein Funken über. Einen ähnlichen Funken kann man beobachten, wenn man sich einer
geriebenen Bernsteinstange mit dem Fingerknöchel nähert. Der griechiſche Name für
Bernſtein ist Elektron. Deshalb nennt man derartige Funken elektriſche Funken.

Ein Gefäß nach Abb. 58 wird elektriſches oder galvaniſches Element genannt.
Die beiden Platten heißen Elektroden, und die herausragenden Enden nennt man
die Pole des Elements. Mehrere verbundene Elemente bilden eine Batterie
Aus der Erwärmung des Drahtes kann man schließen, daß in demſelben eine Be=
wegung stattfindet. Bei jeder Bewegung entsteht Reibung. Durch Reibung wird
Wärme erzeugt. Der Lauf eines Gewehres z. B. erwärmt sich auch infolge der Be=
wegung und Reibung des Geschoſſes im Lauf. Man kann sich nun vorstellen, daß
durch den Draht hindurch auch eine Bewegung stattfindet. Dieſe gedachte Bewegung
die man nicht sieht, sondern nur an ihren Wirkungen wahrnimmt, nennt man den
elektriſchen Strom.

b) Spannung, Stromſtärke, Widerſtand, elektr. Leiſtung.

1. Spannung. Wenn sich irgendein Körper bewegt, so muß eine Kraft vor=
handen sein, die diese Bewegung hervorruft. In Abb. 59 haben wir zwei Ge=
fäße, die verſchieden hoch mit Waſſer gefüllt sind. Die beiden Ge=
fäße sind durch eine Rohr=
leitung miteinander verbun=
den. In der Rohrleitung be=
findet sich ein Hahn, mit dem
die Verbindung abgeſperrt
ist. Öffnet man den Hahn, so
wird das Waſſer aus dem Ge=
fäß A in das Gefäß B fließen.
Das Waſſer fließt, solange ein
Höhenunterſchied zwiſchen
den beiden Waſſerſäulen be=
steht. Der Höhenunterſchied

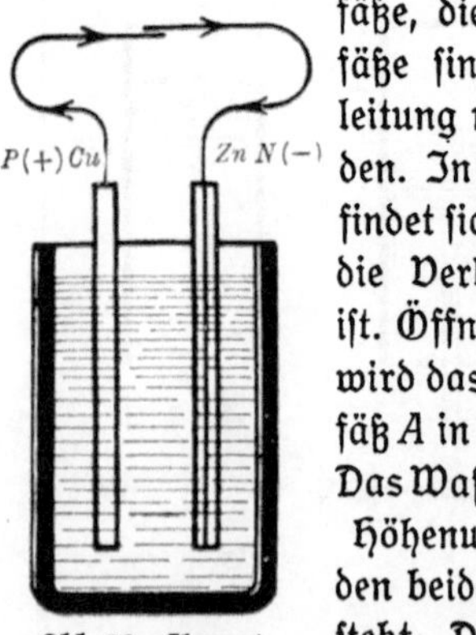

Abb. 58. Element.

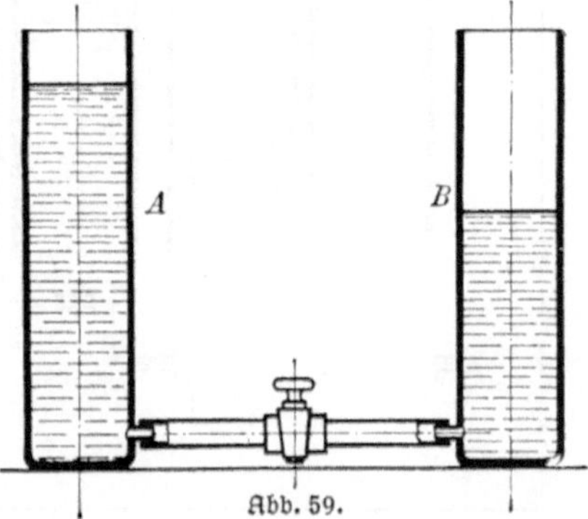

Abb. 59.

erzeugt einen Druckunterschied. Dieser Druckunterschied ist die wasserbewegende Kraft, welche einen Wasserstrom durch die Rohrleitung treibt. Einen ähnlichen Druckunterschied kann man sich als elektrizitätsbewegende Kraft denken. Taucht man ein Metall in eine Säure ein, so wird dadurch in dem Metall ein elektrischer Druck erzeugt. Gleiche Metalle werden gleichen elektrischen Druck haben. Taucht man jedoch zwei verschiedene Metalle in eine Säure ein, z. B. Kupfer und Zink (Abb. 58), so ist auch der elektrische Druck verschieden. Der Druck im Kupfer ist größer als der Druck im Zink. Wir haben also auch hier einen Druckunterschied. Dieser Druckunterschied treibt den elektrischen Strom vom Kupfer durch die Draht=leitung zum Zink. Die Kupferplatte mit dem höheren elektrischen Druck wird posi=tiver Pol genannt und mit einem $P(+)$ bezeichnet (das Pluszeichen bedeutet „mehr"). Die Zinkplatte mit dem niedrigeren elektrischen Druck wird negativer Pol genannt und mit einem $N(-)$ bezeichnet (das Minuszeichen bedeutet „weniger"). Der Druckunterschied ist die elektrizitätsbewegende Kraft und wird elektromotorische Kraft oder Spannung genannt. Als Maßeinheit der Spannung ist das Volt (V) angenommen. Man mißt die Spannung mit Meßinstrumenten, die Voltmeter oder Spannungsmesser heißen.

2. Stromstärke. Läßt man Wasser aus einer Rohrleitung in ein Gefäß fließen, so kann man die Menge des einfließenden Wassers messen. Die Wassermenge wird bei einem schwachen Wasserstrom in einer bestimmten Zeit kleiner sein als bei einem starken Wasserstrom. Sie hängt von der Stärke des Wasserstromes ab. Die Wassermenge, die in 1 s (Sekunde) durch die Rohrleitung fließt, nennt man Wasserstromstärke. Als Maßeinheit hierfür dient das Liter. Fließen z. B. n 1 s 50 l Wasser durch die Rohrleitung, so ist die Wasserstromstärke gleich 50 l/s. So spricht man auch beim elektrischen Strom von der Stromstärke und versteht darunter diejenige Elektrizitätsmenge, die in 1 s durch den Leiter fließt.

Leitet man das eine Mal einen schwachen Strom, das andere Mal einen stärkeren Strom durch einen Draht, so wird der Draht verschieden stark erwärmt und zwar um so stärker, je stärker der Strom ist. Aus dieser Wirkung des elektrischen Stromes läßt sich seine Stärke bestimmen. Als Maßeinheit für die Stromstärke dient das Ampere (A). Zur Messung der Stromstärke verwendet man Amperemeter oder Strommesser.

3. Widerstand. Fließt Wasser durch eine Rohrleitung, so reibt sich der Wasser=strom an der inneren Rohrwand. Die Rohrwand setzt dem Durchfließen des Wasser=stromes einen Widerstand entgegen. Ist die Rohrwandung sehr glatt, so wird der Widerstand klein sein, und der Wasserstrom kann gut durch die Rohrleitung fließen. Bei einer rauhen Rohrwandung ist der Widerstand groß.

Beim elektrischen Strom ist es ähnlich. Leitet man ihn durch einen Kupfer=draht, so findet er hier wenig Widerstand. Man kann den Kupferdraht mit einer glatten Rohrleitung vergleichen. In einem Eisendraht findet der elektrische Strom einen größeren Widerstand. Der Eisendraht ist mit einer rauhen Rohrleitung zu vergleichen. Kupfer ist ein guter Leiter des elektrischen Stromes, Eisen ein schlechter Leiter. Körper, die dem elektrischen Strom keinen Durchgang gestatten, heißen Nichtleiter oder Isolatoren. Solche sind: Gummi, Seide, Porzellan, Glas

usw. Durch Versuche hat man den Widerstand der verschiedenen Körper, die zur Strom=
leitung dienen, festgestellt. Die Maßeinheit für den Widerstand ist das **Ohm** (Ω).
1 Ω ist der Widerstand, den ein Quecksilberfaden von 1063 mm Länge und
1 mm² Querschnitt dem Durchgang des elektrischen Stromes entgegensetzt.

4. Das Ohmsche Gesetz. Der Wasserstrom, der durch eine Rohrleitung fließt, ist
um so größer, je größer der Wasserdruck am Anfange der Rohrleitung ist. Der Wasser=
strom wird dagegen um so kleiner sein, je größer der Widerstand in der Rohrleitung ist.

In einer elektrischen Leitung ist der elektrische Strom ebenfalls abhängig von
dem elektrischen Druck oder der Spannung und vom elektrischen Widerstand der Lei=
tung. Bei derselben Spannung wird durch einen kurzen, dicken Draht mit wenig
Widerstand ein stärkerer Strom fließen, als durch einen langen, dünnen Draht mit
viel Widerstand.

Für die Abhängigkeit der Stromstärke von der Spannung und vom Widerstand
gilt das Gesetz:

$$\text{Stromstärke} = \text{Spannung} : \text{Widerstand}.$$

Dieses Gesetz wird das **Ohmsche Gesetz** genannt. Die Spannung bezeichnet
man mit dem Buchstaben U, die Stromstärke mit dem Buchstaben J und den Wider=
stand mit dem Buchstaben R. In Buchstaben lautet demnach das Ohmsche Gesetz:

$$J = U : R \quad \text{oder} \quad J = \frac{U}{R}.$$

Beispiel: Ein Apparat ist an eine Spannung von 220 V angeschlossen; er
hat einen Widerstand von 10 Ω. Wie groß ist die Stromstärke, die durch den
Apparat fließt?

Lösung:
$$J = \frac{U}{R} = \frac{220}{10} = 22 \text{ A}.$$

Das Ohmsche Gesetz läßt sich auch in folgenden Formen schreiben:

$$R = U : J \quad \text{oder} \quad R = \frac{U}{J} \quad \text{und} \quad U = J \cdot R.$$

5. Elektr. Leistung. Ein Liter Wasser, welches in 1 s 10 m tief herabfällt
und ein Wasserrad antreibt, kann zehnmal soviel Arbeit leisten, als 1 Liter Wasser,
welches nur 1 m tief stürzt. Die Leistung ist im ersten Falle $10 \cdot 1 = 10$ mkg/s,
im zweiten Falle $1 \cdot 1 = 1$ mkg/s (S. 1). Sie hängt ab von dem Gefälle oder
dem Druck des Wassers und von der Wassermenge oder Wasserstromstärke. Ähnlich
ist es beim elektrischen Strom. Die Spannung des elektrischen Stromes vergleicht man
mit dem Druck des Wassers, die Stärke des elektrischen Stromes mit der Wassermenge
oder Wasserstromstärke. Multipliziert man also die Spannung mit der Stromstärke,
so erhält man die Leistung des elektrischen Stromes.

Die Einheit der Leistung ist:
1 Volt $\times$ 1 Ampere = 1 **Watt**.[1]
1 V $\times$ 1 A = 1 W.

Bei größeren Leistungen rechnet man nicht mit W, sondern mit kW (Kilowatt).
Dies sind 1000 W. Die Messung der elektrischen Leistung erfolgt entweder mit einem
Volt= und einem Amperemeter oder durch besondere Wattmeter (Leistungsmesser).

---

1) Nach dem Erfinder der Dampfmaschine.

Durch Versuche ist ermittelt worden, daß 736 W einer Leistung von 1 PS entsprechen. Aus Volt und Ampere läßt sich also leicht die PS-Zahl einer elektrischen Maschine errechnen, z. B. 110 V, 20 A,

Leistung: $\dfrac{110 \cdot 20}{736} = \text{rund } 3 \text{ PS.}$

Der von einem Elektrizitätswerk abgegebene Strom wird durch elektrische Zählapparate gemessen, die man Zähler nennt. Sie geben an, wieviel Kilowattstunden (elektr. Arbeit) in einer gewissen Zeit verbraucht wurden. Die Einheit ist die Kilowattstunde (kWh). Der Preis für den Strom wird hiernach berechnet.

Beispiel: Eine Lichtanlage verbraucht bei 220 V Spannung 0,6 A. Die Leistung des elektrischen Stromes ist dann $220 \cdot 0,6 = 132 \text{ W} = \dfrac{132}{1000} = 0,132 \text{ kW.}$ Ist die Anlage 30 Tage lang je 5 Stunden (h) in Betrieb, so sind zu bezahlen $0,132 \cdot 30 \cdot 5 = 19,80$ kWh.

c) Der Magnet.

Der in einem Element erzeugte Strom ist verhältnismäßig schwach (Schwachstrom). Stärkere Ströme werden mittels Dynamomaschinen erzeugt (Starkstrom). Ein wichtiger Teil der Dynamomaschine ist der Magnet mit dem von ihm erzeugten Magnetfeld. Magneteisenerz, wie es in der Natur vorkommt, zieht Eisen und Stahl an (I. Teil S. 2). Dies ist ein natürlicher Magnet. Bestreicht man einen Stab aus Eisen oder Stahl mit einem solchen Magneten, so wird der gestrichene Stab ebenfalls magnetisch. Dies ist ein künstlicher Magnet. Nach der Form unterscheidet man Stabmagnete, Hufeisenmagnete und Magnetnadeln (Abb. 60, 61 und 62).

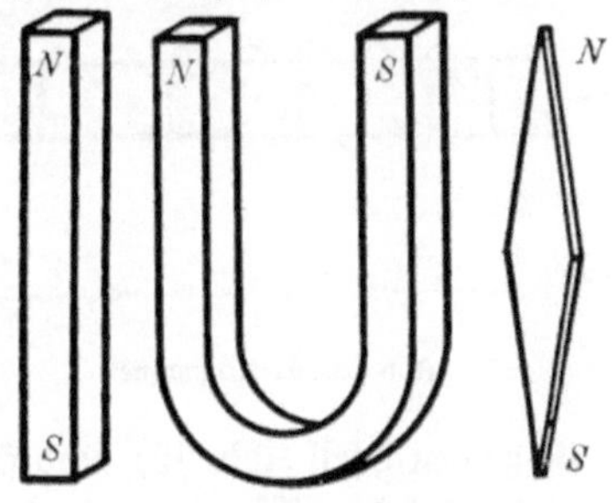

Abb. 60—62. Magnete.

Die Magnetnadel ist in der Mitte so unterstützt, daß sie sich leicht drehen kann (Abb. 63). Sie stellt sich immer in einer bestimmten Richtung ein. Das eine Ende zeigt nach Norden und heißt daher Nordpol. Das andere Ende zeigt nach Süden und wird Südpol genannt. Die Nadel nimmt diese Richtung ein, weil der Erdmagnetismus auf dieselbe einwirkt. Stab- und Hufeisenmagnet haben ebenso wie die Magnetnadel Nord- und Südpol.

Nähert man einer schwebenden Magnetnadel einen Stabmagneten, so findet eine Abstoßung oder Anziehung derselben statt. Der Südpol der Nadel wird z. B. vom Südpol des Stabmagneten abgestoßen, vom Nordpol desselben dagegen angezogen. Hieraus folgt die Regel:

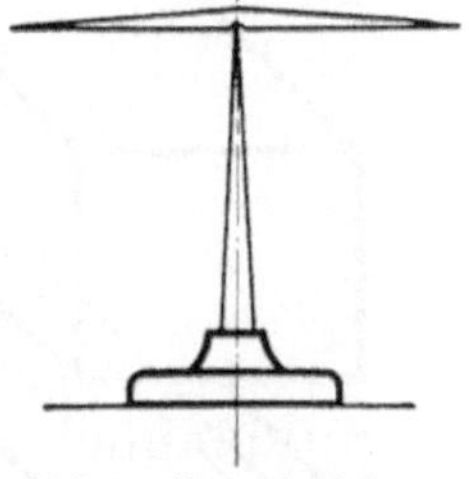

Abb. 63. Magnetnadel.

Gleichnamige Magnetpole stoßen einander ab, ungleichnamige ziehen einander an.

Legt man auf die Pole eines Hufeisenmagneten ein Blatt Papier mit Eisenfeilspänen, so ordnen sich die Späne in bestimmten Linien an (Abb. 64). In der

Nähe der beiden Pole entstehen Strahlen, die alle nach dem Mittelpunkt der Pole gerichtet sind. Zwischen Nord= und Südpol bilden sich fast gerade Linien aus Eisen=

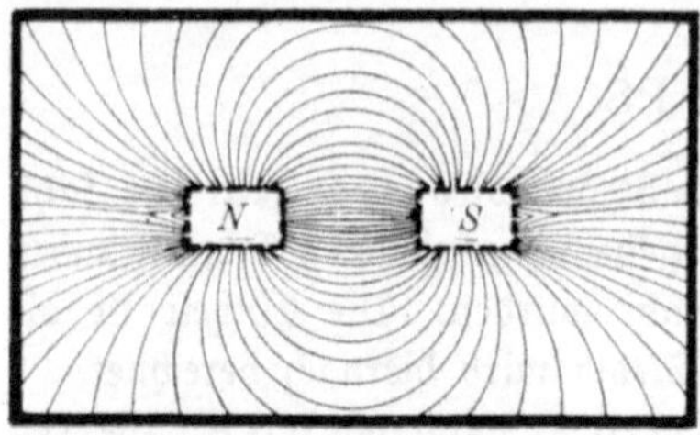

feilspänen. Auf der übrigen Fläche des Papiers werden die Linien immer schwächer und ver= laufen bogenförmig vom Nord= zum Südpol. Die Eisenfeilspäne geben demnach in Linien die Richtung der magnetischen Kraft an. Diese Linien nennt man magnetische Kraftlinien.

Bei den Polen liegen die Feilspäne dicht zusammen und werden nach außen hin immer schwächer. In der Nähe der Pole ist also die magnetische Kraft am größten. Mit der Entfernung vom Pol nimmt sie allmäh= lich ab. Die Umgebung eines Magnetpols, in der sich noch magnetische Wirkungen wahrnehmen lassen, nennt man das magnetische Feld.

Abb. 64. Magnetisches Feld.

d) Der Elektromagnet.

Wird ein Stück weiches Eisen in vielen Windungen mit einem isolierten Draht umwickelt (Abb. 65), und schickt man durch diese Windungen einen elektrischen Strom,

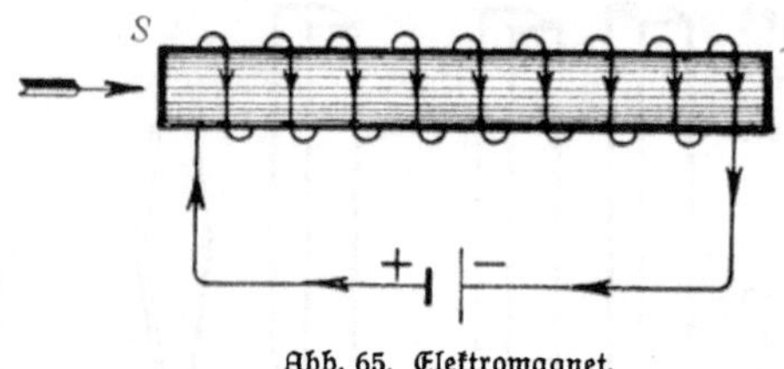

so wird das Eisen magnetisch, d. h. es sendet Kraftlinien aus. Ein solches durch den elek= trischen Strom magnetisch gemachtes Eisenstück nennt man Elektromagnet. Der Elektro= magnet hat ebenso wie der gewöhnliche Magnet einen Nord= und einen Südpol. Die beiden Pole lassen sich nach folgender Regel bestimmen:
Sieht man auf die Polfläche des Magneten

Abb. 65. Elektromagnet.

(siehe den Pfeil Abb. 65), und fließt der Strom rechts herum (Uhrzeigerregel), so ist dieser Pol der Südpol; fließt der Strom umgekehrt, hat man den Nordpol vor sich.

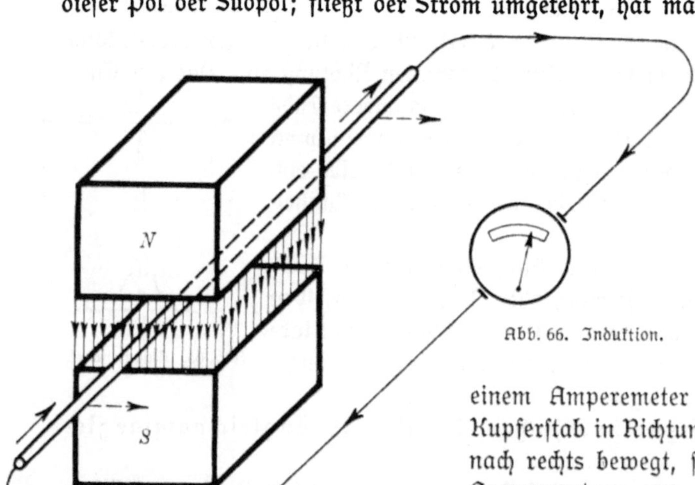

e) Die magnet= elektrische Induktion.

Abb. 66 zeigt den Nord= und Südpol eines Magneten. Zwischen den beiden Polen be= findet sich ein Kupfer= stab. Die beiden Enden des Stabes sind durch dünne Kupferdrähte mit

Abb. 66. Induktion.

einem Amperemeter verbunden. Wird der Kupferstab in Richtung der gestrichelten Pfeile nach rechts bewegt, so schlägt der Zeiger des Amperemeters aus. Das Amperemeter ist also von einem Strom durchflossen worden.

Bewegt man den Kupferstab nach links, so schlägt das Amperemeter nach der entgegengesetzten Seite aus. Hieraus folgt: In einem Leiter wird ein elektrischer Strom erzeugt, wenn man ihn zwischen den Polen eines Magneten (im Magnetfeld) bewegt und die Kraftlinien hierbei geschnitten werden. Der Strom dauert nur so lange, wie die Bewegung dauert. Ohne Bewegung entsteht kein Strom. Anstatt des Kupferstabes kann auch der Magnet bewegt werden. Diese Einwirkung des magnetischen Feldes auf einen bewegten Leiter nennt man **magnetelektrische Induktion** und den entstehenden Strom Induktionsstrom. Zur Bestimmung der Richtung des erzeugten (induzierten) Stromes dient folgende Regel:

Man hält die **rechte Hand** so in das Magnetfeld, daß die Kraftlinien in die Handfläche eintreten und der Daumen die Bewegungsrichtung des Leiters angibt. Dann zeigen die Fingerspitzen die Stromrichtung an (Abb. 66).

f) Die Dynamomaschine.

1. Allgemeines. Bewegt man durch eine Vorrichtung einen Leiter ständig zwischen den Polen eines Magneten, so erhält man einen fortwährenden Strom. Diese Bewegung kann eine hin und her gehende oder eine drehende sein. So entsteht die einfachste Form einer Maschine, um elektrischen Strom zu erzeugen. Eine solche Maschine nennt man Dynamomaschine.

2. Wirkungsweise. Die einfachste Dynamomaschine und ihre Wirkungsweise ergibt sich nach Abb. 67 wie folgt:

N und S sind die Pole eines Magneten. Im Magnetfeld der beiden Pole kann sich ein drehbar gelagerter Draht-

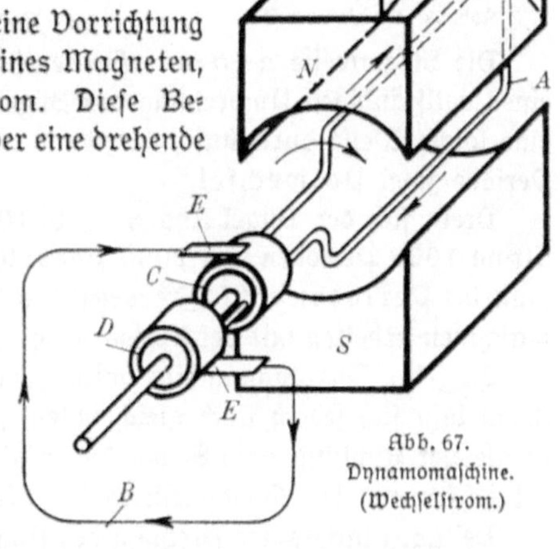

Abb. 67.
Dynamomaschine.
(Wechselstrom.)

bügel A bewegen. Wird nun der Drahtbügel in der Pfeilrichtung gedreht, so bewegen sich die beiden Leiterstäbe des Bügels an den Magnetpolen vorbei. Sie schneiden dabei die Kraftlinien des Magneten. Hierdurch wird in dem Drahtbügel infolge der Induktion ein elektrischer Strom erzeugt. Die Richtung des Stromes läßt sich nach der Regel bestimmen und ist durch Pfeile angedeutet (Abb. 67). Um den Strom nach außen fortzuleiten, sind die beiden Enden des Drahtbügels mit je einem der beiden Ringe C und D verbunden. Auf diesen Ringen, die aus Kupfer oder Messing bestehen, schleift je eine Metallfeder oder Bürste E. Man nennt die Ringe daher auch Schleifringe. Hat der Bügel eine Viertelumdrehung gemacht, so sind die beiden Drähte des Bügels weder im Bereich des Nordpols noch im Bereich des Südpols. In dieser Stellung schneiden die beiden Drähte keine Kraftlinien. Somit wird auch kein Strom in dieser Stellung erzeugt. Dreht sich der Bügel weiter, so gelangt die Seite des Bügels, die früher im Bereich des Nordpols war, nun in den Bereich des Südpols und umgekehrt. Dadurch ändert sich die Richtung des Stromes in den beiden Bügelseiten. Der Strom, der durch den äußeren Stromfreis *B* fließt, wechſelt ſomit ſeine Richtung bei jeder halben Umdrehung des Bügels. Man nennt ihn daher Wechſelſtrom.

Die Stärke des Stromes ſchwankt dauernd zwiſchen Null und einem größten Wert. Dies kann man durch eine Wellenlinie nach Abb. 68 darſtellen.

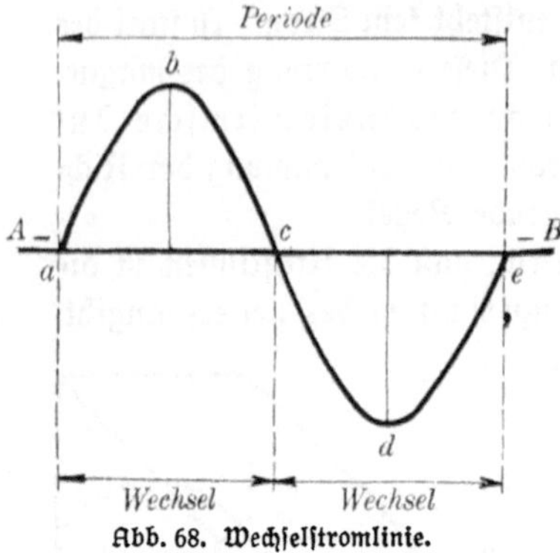

Abb. 68. Wechſelſtromlinie.

Befindet ſich der Drahtbügel Abb. 67 in waage= rechter Lage, ſo iſt der erzeugte Strom gleich Null. Dies entſpricht dem Punkt *a* auf der Linie *AB*. Nach einer Viertelumdrehung des Bügels erreicht der Strom ſeine größte Stärke (Punkt *b*). Bei einer weiteren Viertelumdrehung des Bügels nimmt die Stärke des Stromes allmählich ab und wird wieder gleich Null (Punkt *c*). Dreht man den Bügel weiter, ſo wechſelt der Strom ſeine Richtung. Er nimmt nach der entgegengeſetzten Seite bis zu einem größten Wert zu (Punkt *d*). Dann nimmt er wieder ab bis auf Null (Punkt *e*). So wiederholt ſich das Spiel.

Die Stromwelle *a—b—c—d—e* entſteht bei einer Maſchine mit 2 Polen nach einer vollſtändigen Umdrehung des Bügels (360°). Die Zeit, in welcher der Strom eine ſolche Welle durchläuft, nennt man eine Periode. Hierbei kommen auf jede Periode zwei Polwechſel.

Dreht ſich der Bügel Abb. 67 z. B. 1000 mal in 1 Minute, ſo hat der erzeugte Strom 1000 Perioden und 2000 Polwechſel. Die in 1 s erhaltenen Perioden nennt man die Periodenzahl (Frequenz) des Wechſelſtromes. Die meiſten Wechſelſtrom= maſchinen arbeiten mit der Periodenzahl 50; d. h. der Strom hat 50 Perioden in 1 s.

In jeder Dynamomaſchine wird zunächſt Wechſelſtrom erzeugt. Der Wechſel= ſtrom läßt ſich jedoch auch gleichrichten, ſo daß die äußere Leitung (Abb. 67) ſtets in gleicher Richtung vom Strom durchfloſſen wird. Einen ſolchen Strom nennt man Gleichſtrom. Die Gleichrichtung des Stromes geſchieht auf folgende Weiſe:

Bei ganz langſamer Drehung des Bügels Abb. 67 könnte man nach einer halben Umdrehung, wenn der Strom ſeine Richtung wechſelt, die Drahtenden des Bügels vertauſchen. Man könnte den Draht, der früher zum Schleifring *C* gegangen iſt, an den Schleifring *D* anlegen und umgekehrt. Wäre die Stromrichtung im Draht= bügel die gleiche geblieben, ſo wäre durch dieſe Vertauſchung die Stromrichtung im äußeren Stromkreis *B* geändert worden. Bei der folgenden halben Umdrehung iſt aber im Drahtbügel ein Strom von entgegengeſetzter Richtung entſtanden. Durch die Vertauſchung der beiden Drahtenden bleibt ſomit die Richtung des Stromes im äußeren Stromkreis *B* die gleiche.

Dieſe Vertauſchung der beiden Drahtenden von Hand läßt ſich bei einer ſchnell= laufenden Maſchine nicht durchführen. Die gleiche Wirkung kann man jedoch auf folgende Weiſe erzielen:

In Abb. 69 iſt ſtatt der zwei Schleifringe ein Schleifring angebracht. Dieſer Schleifring iſt in zwei voneinander iſolierte Hälften (Lamellen) *C* und *D* zerlegt. Sie ſind mit je einem Ende des Drahtbügels verbunden. Die beiden Bürſten *E* ſtehen genau gegenüber, die eine oben, die andere unten. Macht der Bügel aus der gezeichneten Lage eine Viertelumdrehung nach rechts, ſo ändert ſich die Stromrichtung. Dies iſt durch die geſtrichelten Pfeile angedeutet. Gleichzeitig haben aber auch die Lamellen durch die Umdrehung ihre Lage vertauſcht. Der Strom fließt daher, ebenſo wie vorher, durch die untere Bürſte ab. Durch den äußeren Stromkreis geht alſo ein gleichgerichteter Strom (Gleichſtrom). Der ſo erzeugte Strom iſt kein voll= kommener Gleichſtrom, wie er z. B. einem Element entnom= men werden kann. Seine Stärke ſchwankt dauernd von Null bis zu einem größten Wert. Durch eine Zeichnung kann man ihn in Form von Wellen darſtellen, die neben= einandergereiht ſind (Abb. 70). Der höchſte Punkt jeder Welle entſpricht jedesmal der größten Stromſtärke. Im tiefſten Punkte jeder Welle iſt die Stromſtärke gleich Null.

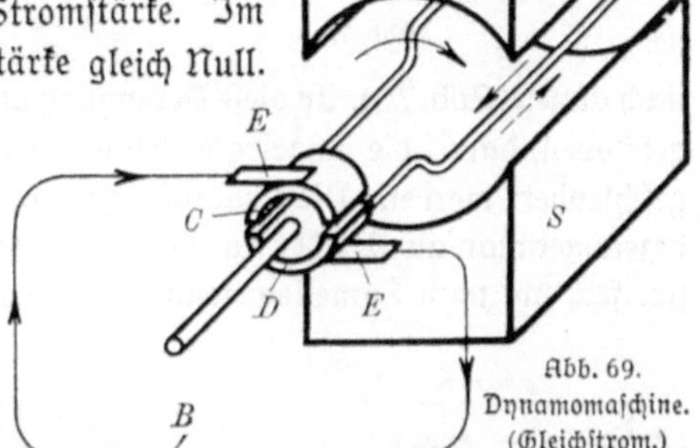

Abb. 69.
Dynamomaſchine.
(Gleichſtrom.)

Würde man in den äußeren Strom= kreis einer ſolchen Dynamomaſchine (Abb. 69) eine Glühlampe einſchalten, ſo würde dieſe abwechſelnd aufleuchten und wieder erlöſchen. Um einen nahezu gleichmäßigen Strom zu erzielen, bewegt man nicht einen, ſondern eine größere Anzahl Drahtbügel zwiſchen den Polen eines Magneten. In jeder Schleife wird dann nacheinander ein Strom erzeugt. Dieſe einzelnen Ströme folgen ſo ſchnell aufeinander, daß ein Strom von gleichmäßiger Stärke entſteht. Die einzelnen Drahtbügel oder Drahtſchleifen werden hierbei auf einem runden Eiſenkern angebracht. Man nimmt hierzu einen Eiſenkern, weil die magnetiſchen Kraftlinien das Eiſen leicht durchdringen. Die Luft ſetzt den Kraftlinien einen großen Widerſtand ent= gegen. Der Eiſenkern wird aus dünnen Blechen von

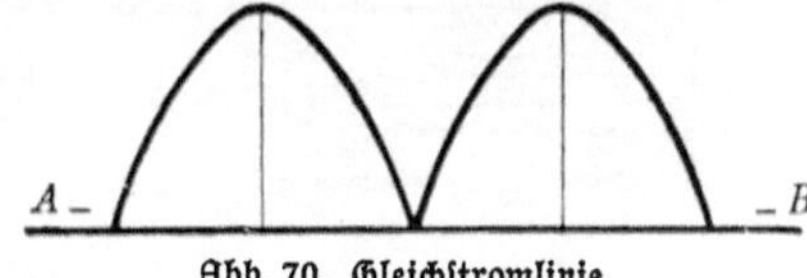

Abb. 70. Gleichſtromlinie.

etwa 0,5 mm Stärke zuſammengeſetzt (Abb. 71). Die einzelnen Bleche ſind durch einen Firnisüberzug gegeneinander iſoliert. An ſeinem Umfang iſt der Eiſenkern mit Nuten

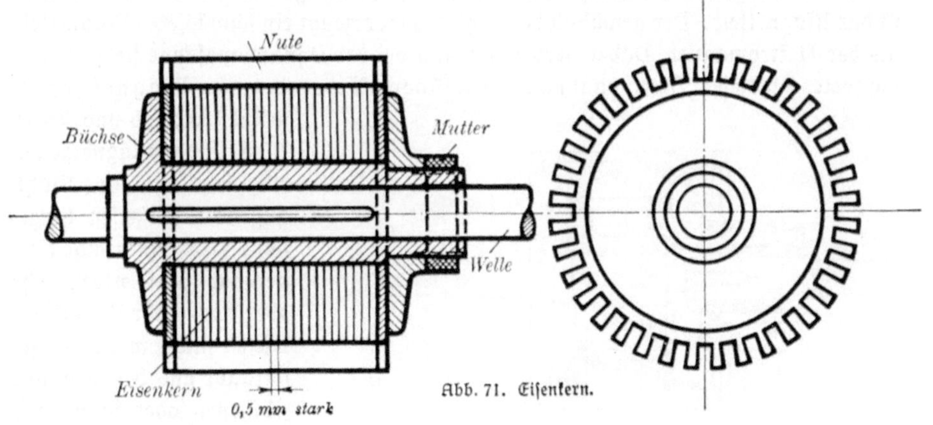

Abb. 71. Eiſenkern.

versehen. In diese Nuten werden die gut isolierten Bügel aus Kupferstäben oder auch isolierte Kupferdrähte eingelegt. Abb. 72 zeigt eine Nut, in der drei Kupferdrähte liegen, Abb. 73 eine Nut, die zwei Kupferstäbe aufnimmt. Die Nuten verengen sich vielfach

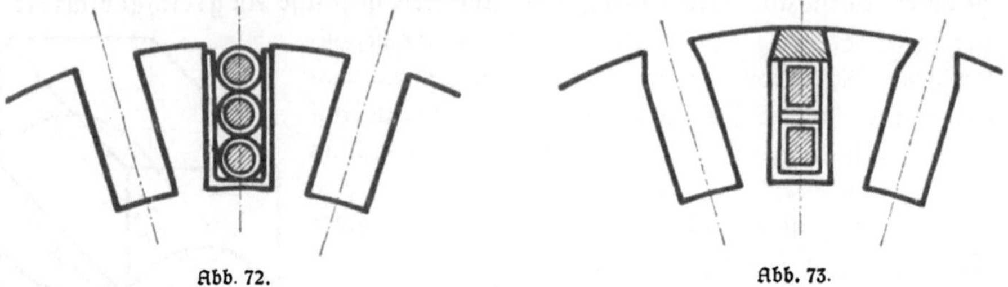

Abb. 72.　　　　　　　　　　　　　　　　　　Abb. 73.

nach außen (Abb. 73). In diese Verengung wird eine Einlage aus isolierendem Material geschoben, damit die eingelegten Stäbe oder Drähte durch die Fliehkraft nicht herausgeschleudert werden. Die Drahtschleifen nennt man Spulen, und die Spulen insgesamt bezeichnet man als **Wicklung**. Die einzelnen Spulen werden gruppenweise mit Kupferstreifen, die man Lamellen nennt, verbunden. Die Lamellen sind unter sich isoliert.

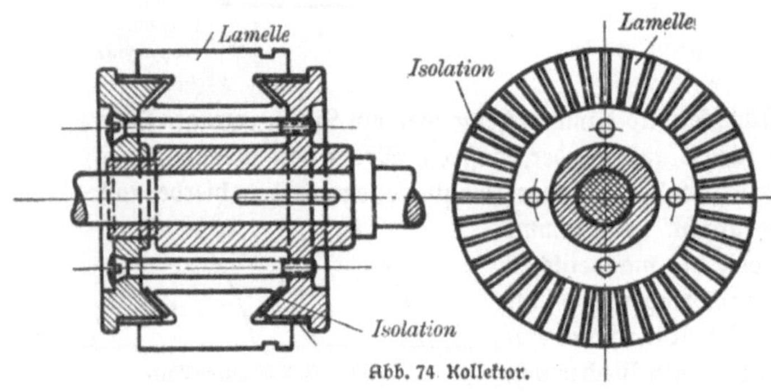

Abb. 74. Kollektor.

Einen solchen aus vielen Lamellen und Isolation bestehenden Körper nennt man Kollektor (Abb. 74). Er ist mit dem Eisenkern auf derselben Welle befestigt. Der Eisenkern mit Wicklung, Kollektor und Welle wird Anker genannt. Abb. 75 zeigt den Anker einer größeren Dynamomaschine (Gleichstromanker), Abb. 75 a das Bild eines kleineren Gleichstromankers.

3. Das Magnetfeld der Dynamomaschine. Ein wichtiger Teil der Dynamomaschine ist das Magnetfeld. Der gewöhnliche Stahlmagnet erzeugt ein schwächeres Magnetfeld als der Elektromagnet. Daher verwendet man bei der Dynamomaschine stets Elektromagnete. Zu diesem Zweck baut man einen Magnetkörper, den man **Magnetgestell**

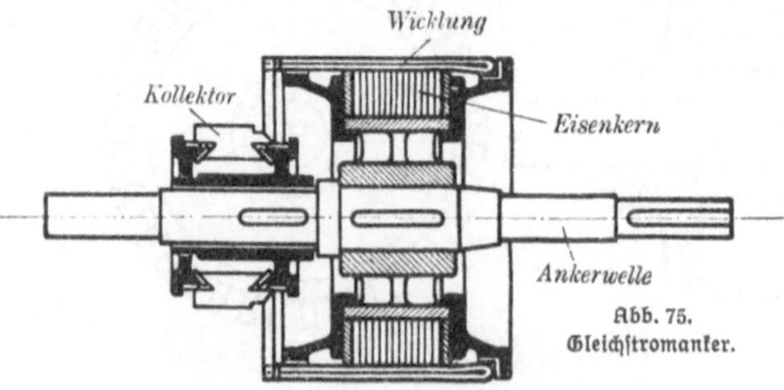

Abb. 75.
Gleichstromanker.

nennt (Abb. 76 und 76 a). Meist ist das Magnetgestell ringförmig und aus Stahlguß oder Gußeisen hergestellt. Der ringförmige Körper hat zwei, vier, sechs oder auch mehr Polansätze. Diese sind meist angeschraubt und bestehen aus Flußeisen oder Stahl. Die

Polanſätze werden mit Polſchuhen verſehen. Sie ſind aus einzelnen Blechen zuſammen=
geſetzt, ähnlich wie der Eiſenkern des Ankers. Um jeden Pol wird eine Wicklung (Spule)
aus iſoliertem Kupferdraht gelegt. Damit können die Pole zu Elektromagneten werden.
Zu dieſem Zweck muß durch ihre Wicklungen (Spulen) Strom hindurchgeſchickt werden
(S. 56). Dieſen Strom kann man von einer beſonderen Stromquelle (Batterie oder
Dynamomaſchine) entnehmen. Meiſt
wird jedoch der Strom für die Magnete
der Dynamomaſchine ſelbſt entnommen.
Man geht hierbei von folgendem aus:

Jedes Eiſen, das einmal magneti=
ſiert wurde, behält dauernd etwas
Magnetismus zurück.

Abb. 75 a. Gleichſtromanker.

Wird nun der Anker in dem ſchwachen magnetiſchen Felde bewegt, ſo wird in
den Ankerſpulen ein ſchwacher Strom erzeugt. Leitet man dieſen Strom durch die
Spulen des Magneten, ſo wird der vorhandene Magnetismus verſtärkt. Dadurch ver=
ſtärkt ſich der Strom im Anker uſf., bis die Maſchine ſchließlich ihre volle Leiſtung gibt.

4. Arten der Dynamomaſchinen. Nach der Art des erzeugten Stromes (vgl.
S. 58 und 59) unterſcheidet man Wechſelſtrom= und Gleichſtrommaſchinen. Abb. 77
zeigt eine Dynamomaſchine für Gleichſtrom.

Die Wechſelſtrommaſchinen ſind in ihrem Bau nichts anderes als Gleich=
ſtrommaſchinen. Nur treten an Stelle des Kollektors Schleifringe, die mit beſtimmten
Punkten der Wicklung verbunden ſind. Bei Wechſelſtrommaſchinen, die Strom von
verhältnismäßig niedriger Spannung erzeugen, läßt man ähnlich wie bei Gleichſtrom=
maſchinen den Anker rotieren, der von dem ruhenden Magnetgeſtell umſchloſſen
wird. Meiſt ſoll jedoch Strom von hoher Spannung erzeugt werden. Dann bringt
man die Ankerwicklung in dem ruhenden Geſtell der Maſchine an, während die
Magnete in Drehung verſetzt werden.

Der bisher beſprochene Wechſelſtrom läßt ſich durch eine Wellenlinie nach Abb. 68
S. 58 darſtellen. Einen ſolchen Wechſelſtrom, der nur eine fortlaufende Stromwelle
ergibt, nennt man einphaſigen Wechſelſtrom. Er eignet ſich für Beleuchtungszwecke.

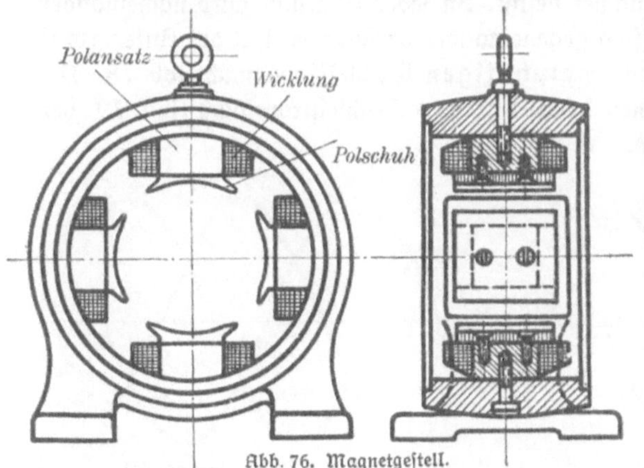

Abb. 76. Magnetgeſtell.

Für den Antrieb von Motoren
bietet er jedoch Schwierigkeiten,
da dieſelben nicht ſelbſttätig
unter Belaſtung anlaufen kön=
nen. Erſt in neuerer Zeit iſt es
gelungen, gute Motoren für ein=
phaſigen Wechſelſtrom zu bauen.
Führt man je=
doch mehrere
Wechſelſtröme,
in der Regel
zwei oder drei,
in einen ent=
ſprechend ge=

Abb. 76 a.
Magnetgeſtell.

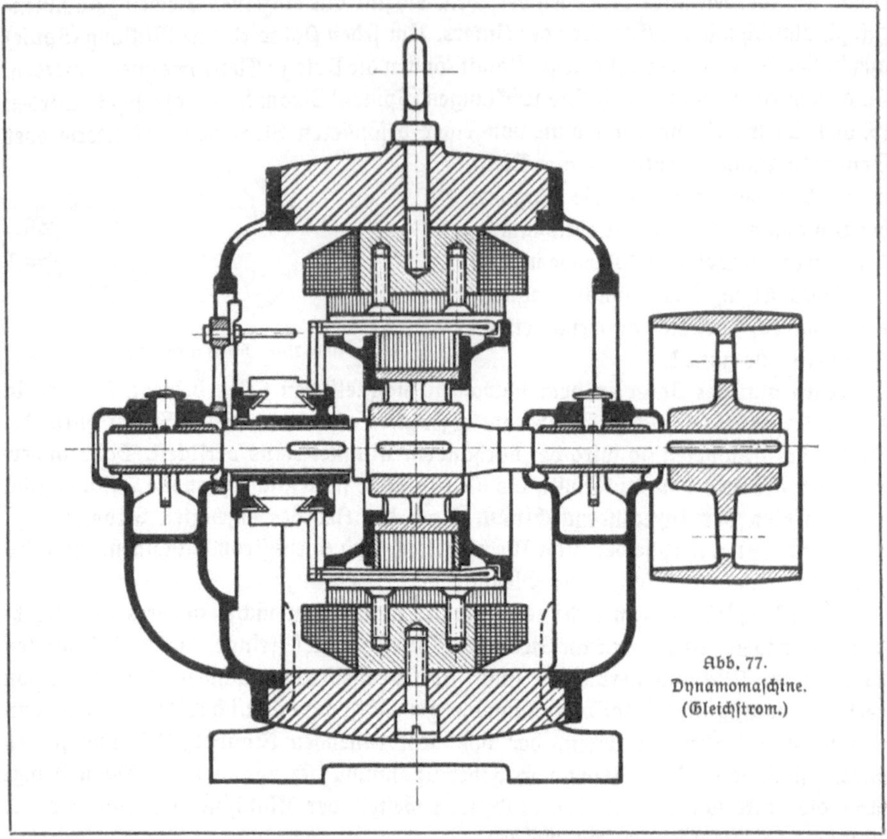

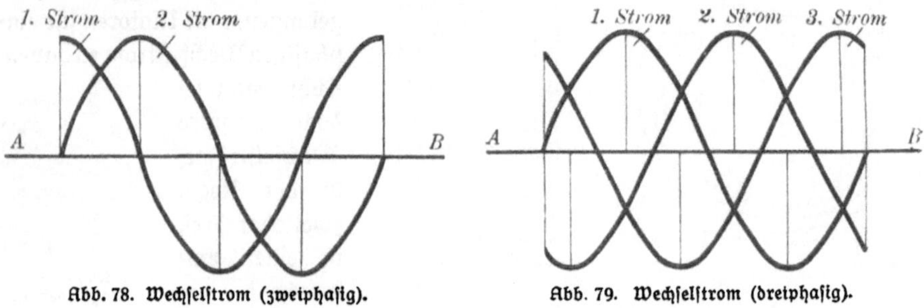

Abb. 77.
Dynamomaschine.
(Gleichstrom.)

bauten Motor ein, so läuft dieser ohne Schwierigkeit bei voller Belastung an. Man baut daher Wechselstrommaschinen, die zwei oder drei Wechselströme erzeugen. Sie unterscheiden sich von den Maschinen für einphasigen Strom dadurch, daß der Anker zwei oder drei gesonderte Wicklungen besitzt. In jeder Wicklung wird nacheinander ein Strom erzeugt. Die Ströme sind gegeneinander verschoben. Hat der Anker zwei Wicklungen, so erhält man einen zweiphasigen Wechselstrom nach Abb. 78. Bei drei Wicklungen erhält man einen dreiphasigen Wechselstrom nach Abb. 79, der auch Drehstrom genannt wird.

Abb. 78. Wechselstrom (zweiphasig).   Abb. 79. Wechselstrom (dreiphasig).

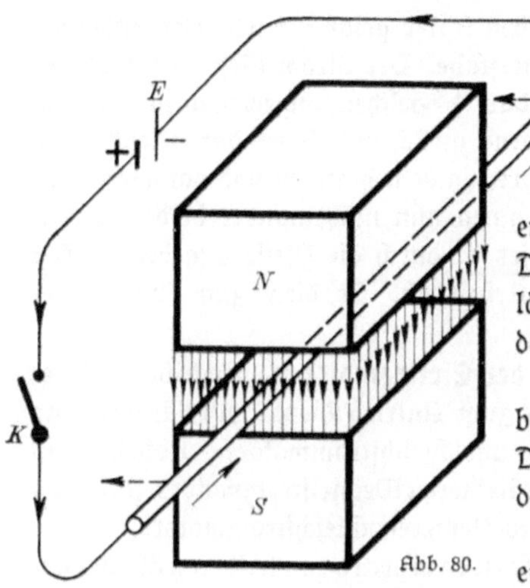

Abb. 80.

Die Gleichſtrommaſchinen teilt man ein in Hauptſchluß=, Nebenſchluß= und Doppelſchlußmaſchinen.

Bei der Hauptſchlußmaſchine durchfließt der ganze von der Maſchine erzeugte Strom die Umwicklung der Magnete. Der Strom, wie er im Anker entſteht, durch=läuft hintereinander die Magnetwicklung und den äußeren Stromkreis.

Die Nebenſchlußmaſchine beſitzt eine beſondere Wicklung der Magnete aus dünnem Draht. Durch dieſe Wicklung fließt nur ein Teil des von der Maſchine erzeugten Stromes.

Die Doppelſchlußmaſchine hat ſowohl eine Hauptſtrom= als auch eine Nebenſchluß=wicklung. Sie heißt auch Compound=Maſchine.

g) Der Elektromotor.

1. Wirkungsweiſe. In Abb. 80 ſind Nord= und Südpol eines Magneten dar=geſtellt. Zwiſchen den Polen hängt ein Kupferſtab. Die Enden desſelben ſind durch Kupferdrähte an eine Stromquelle E (Element) angeſchloſſen. Schließt man durch einen Kontakt K den Stromkreis, ſo fließt durch den Kupferſtab ein Strom. Sobald Strom durch den Stab fließt, wird er abgeſtoßen und bewegt ſich in Richtung des geſtrichelten Pfeiles. Wird der Stromkreis mit Hilfe des Kontaktes unterbrochen, ſo hört die Abſtoßung und damit die Bewegung des Stabes auf. Wird er wieder ge=ſchloſſen, ſo tritt die Wirkung wieder ein. Hieraus folgt:

Befindet ſich ein ſtromdurchfloſſener Leiter in einem magnetiſchen Felde, ſo wird der Leiter abgeſtoßen. Zur Beſtimmung der Bewegungsrichtung des Leiters dient folgende Regel:

Man hält die linke Hand ſo in das Magnetfeld, daß die Kraft=linien in die Handfläche eintreten und die Fingerſpitzen die Strom=richtung anzeigen. Der abgeſpreizte Daumen gibt dann die Be=wegungsrichtung des Leiters an.

Auf dieſer Erſcheinung beruht die Wirkungsweiſe des Elektro=motors. Derſelbe iſt in ſeinem Bau nichts anderes als eine Dy=namomaſchine. Er hat ebenſo wie die Dynamomaſchine nicht natürliche Magnete, ſondern Elektromagnete zur Erzeugung des magnetiſchen Feldes. Leitet man in den Anker und die Magnet=wicklung einer Dynamomaſchine Strom von außen hinein, ſo werden ſowohl der Anker als auch die Spulen der Magnete von ihm durchfloſſen. Das Magnetfeld übt eine Wirkung auf den ſtromdurchfloſſenen Anker aus. Hierdurch kommt der Anker in Bewegung. Er wird ſich nicht nur ein Stück bewegen, ſondern

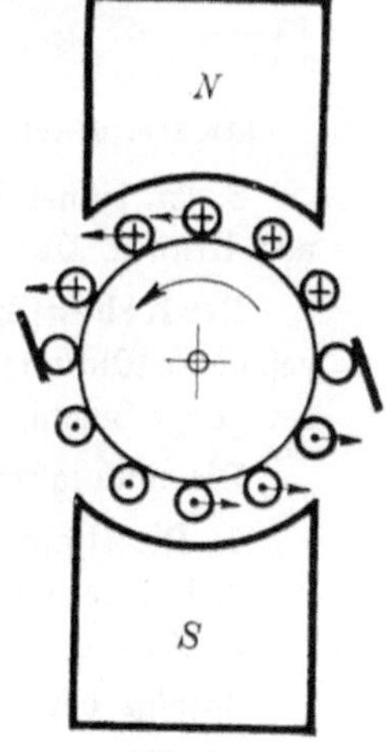

Abb. 81.

er dreht sich, solange Strom von außen in den Anker gesandt wird. Der Anker hat nämlich, wie Abb. 81 zeigt, eine Anzahl Leiterstäbe. Der Strom fließt in der oberen Hälfte des Ankers nach hinten, was durch das +=Zeichen angedeutet ist. In der unteren Ankerhälfte fließt der Strom nach vorne zurück, was durch das ··=Zeichen angedeutet ist. (Das += und das ··=Zeichen entsprechen dem hinteren und vorderen Teile eines Pfeiles.) Die einzelnen Leiterstäbe kommen nun nacheinander in den Bereich der Magnetpole und werden abgestoßen. Dies ist durch die Pfeile angedeutet. Der Elektromotor nimmt Strom auf und gibt Arbeit ab. Er dient zum Antrieb der verschiedensten Arbeitsmaschinen.

Abb. 82.
Wechselstrommotor. (Drehstrom.)

Abb. 82a. Gleichstrommotor.

2. Arten der Elektromotoren. Nach der Art des Stromes, der zum Antrieb dient, unterscheidet man Wechselstrom= und Gleichstrommotoren. Abb. 82 zeigt das Bild eines kleineren Wechselstrommotors, Abb. 82a das Bild eines kleineren Gleichstrommotors.

Die Wechselstrommotoren teilt man ähnlich wie die Wechselstromdynamomaschinen ein in einphasige, zweiphasige und dreiphasige Wechselstrommotoren. Letztere heißen auch Drehstrommotoren.

Die Gleichstrommotoren zerfallen in Haupt= schluß=, Nebenschluß= und Doppelschlußmotoren.

Beim Hauptschlußmotor wird die Wicklung der Magnete von demselben Strom wie der Anker durch= flossen. Es entspricht dies der Hauptschlußdynamo= maschine.

Die wichtigsten Eigenschaften des Hauptschluß= motors sind:

1. Er paßt sich in seiner Umlaufzahl der jeweiligen Belastung an. Bei großer Belastung läuft er also lang= sam, bei kleiner Belastung schnell.

2. Man kann ihn nur da verwenden, wo ein Leer= lauf ausgeschlossen ist. Seine Umlaufzahl würde sonst zu hoch anwachsen.

3. Er eignet sich besonders für hohe Anzugskräfte, also z. B. für den Antrieb von Kranen, Pumpen, Ventilatoren, Straßenbahnen usw.

Der Nebenschlußmotor hat ebenso wie die Nebenschluß=Dynamomaschine eine besondere Wicklung der Magnete aus dünnem Draht. Durch diese Wicklung fließt nicht der ganze Strom, der dem Motor zugeführt wird, sondern nur ein Teil desselben.

Die wichtigsten Eigenschaften des Nebenschlußmotors sind:

1. Die Umlaufzahl des Motors bleibt bei allen Belastungen nahezu gleich.

2. Bei geringer Belastung geht der Motor nicht durch.

3. Wird er überlastet, so zieht er weniger gut durch, als der Hauptstrommotor. Infolge der gleichbleibenden Umlaufzahl ist er der gebräuchlichste Motor.

Der Doppelschlußmotor ist eine Vereinigung von Hauptschluß= und Neben=

ſchlußmotor, ähnlich wie die Doppelſchluß=Dynamomaſchine. Er findet weniger An=
wendung.

3. Vorzüge des Elektromotors. Die Vorzüge des Elektromotors im Vergleich
zu anderen Arbeitsmaſchinen ſind im weſentlichen folgende:

1. Der Elektromotor iſt ſtets **betriebsfertig**. Alle Vorbereitungen für Dampf=
erzeugung, Gaserzeugung uſw. fallen fort.

2. Für Betriebe, in denen die Arbeitsmaſchinen nicht ſtändig gebraucht werden,
können Dampfmaſchinen, Sauggasmotoren uſw. nicht genügend ausgenutzt werden.
Der Elektromotor iſt hier **billiger**, denn er erfordert nur Koſten, wenn die Maſchinen
arbeiten.

3. Der Elektromotor erfordert **wenig Platz** und kann an jedem beliebigen
Ort leicht aufgeſtellt werden. Keſſelanlage, Generatoranlage uſw. fallen fort.

4. Er erfordert **wenig Bedienung** und hat eine **große Betriebsſicherheit**.

5. Beim Elektromotor dreht ſich nur der Anker. Er braucht alſo wenig
Schmierung und läuft faſt **geräuſchlos**.

6. Sein Gewicht iſt gering, weshalb er beſonders für den Antrieb von beweg=
lichen Einrichtungen geeignet iſt. (Lauffran.)

7. Bei großen Arbeitsmaſchinen kann man den Elektromotor leicht anbauen
und ſo im **Einzelantrieb** verwenden.

4. Wartung des Elektromotors. 1. Infolge der Luftbewegung, die durch
den ſchnellen Umlauf des Motors erzeugt wird, verſtaubt dieſer ſchnell. Eine
regelmäßige Reinigung iſt daher unbedingt notwendig. Hilfsmittel hierzu ſind:
Borſtenpinſel, Blaſebalg oder Luftſpritze.

2. Die Motoren haben meiſt Ringſchmierlager. Beim Ingangſetzen muß darauf
geachtet werden, daß ſich der Schmierring mit der Welle dreht und genügend Öl
mitnimmt. Man verwendet am beſten reines Mineralöl. Pflanzenöle (Rüböl,
Baumöl) ſind nicht geeignet, da ſie meiſt geringe Mengen Säuren enthalten.

3. Das Öl nimmt bei ſeinem beſtändigen Kreislauf mehr und mehr metalliſche
Verunreinigungen auf. Es wird trübe und grauſchwarz. Seine Schmierfähigkeit
wird vermindert, und die Lagertemperatur erhöht ſich. Man muß dann das Öl
ablaſſen, die Ölkammer mit Benzin oder Petroleum reinigen und neues Öl eingießen.

4. Bei Elektromotoren iſt eine merkliche Erwärmung der Lager nicht zu ver=
meiden, da ſie eine erheblich höhere Umlaufzahl haben als andere Maſchinen. Man
darf daher, auch wenn das Lager reichlich handwarm iſt, nicht ſogleich auf einen
Fehler in der Maſchine ſchließen. Sehr oft tritt eine übermäßige Erwärmung durch
einen zu ſtraff geſpannten Riemen ein.

5. Vor jedem Anlaſſen ſoll man ſich von dem ordnungsmäßigen Zuſtande des
Motors und ſeiner Nebenteile überzeugen, und zwar je nachdem ob es ſich um
einen Gleich= oder Wechſelſtrommotor handelt:

a) ob ſich der Anker bzw. der Läufer leicht in den Lagern dreht;

b) ob genügend Öl in den Lagern vorhanden iſt;

c) ob die Schmierringe leicht beweglich auf der Achſe liegen;

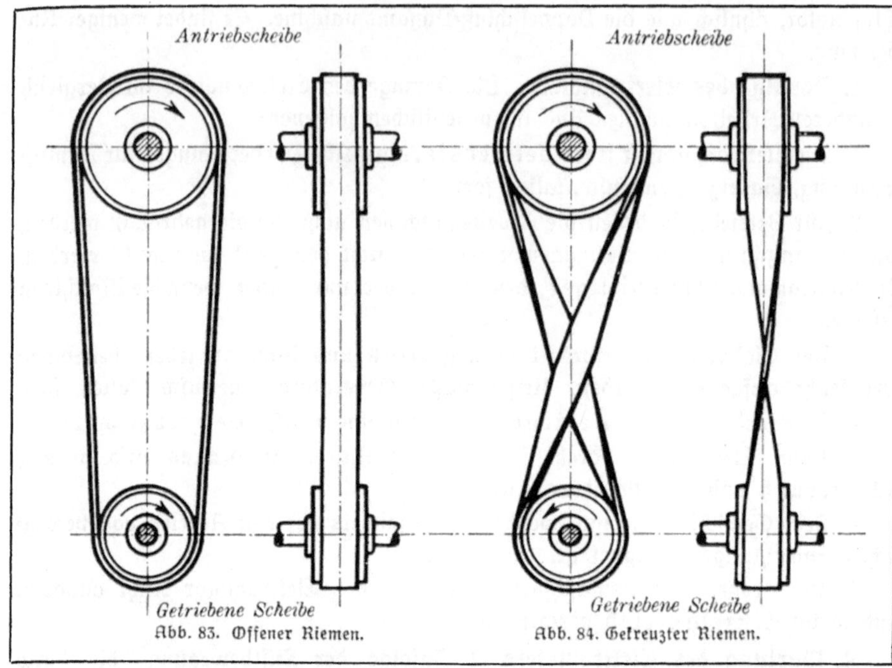

Abb. 83. Offener Riemen.   Abb. 84. Gekreuzter Riemen.

d) ob die Bürsten gut auf dem Kollektor bzw. auf den Schleifringen aufliegen;

e) ob die Schaltung in Ordnung ist.

6. Beim eigentlichen Anlassen, das gewöhnlich nur im Verstellen eines Hebels besteht, sind die dafür besonders gegebenen Regeln zu beachten.

10. Riementrieb, Seiltrieb und Zahnrädergetriebe.

a) Allgemeines. Die drehende Bewegung der Kraftmaschinen muß weitergeleitet und auf die Arbeitsmaschinen übertragen werden. Hierzu benutzt man in der Hauptsache den Riementrieb, den Seiltrieb und die Zahnrädergetriebe. Riemen- und Seiltrieb wirken mittelbar; als Übertragungsmittel dient ein Riemen oder ein Seil. Beim Zahnrädergetriebe greifen die Zähne der Zahnräder ineinander, so daß eine unmittelbare Übertragung stattfindet.

b) Der Riementrieb. 1. Beschreibung. Beim Riementrieb sind zwei Riemscheiben durch einen Riemen verbunden. Die eine Scheibe sitzt auf der Antriebwelle, z. B. der Kurbelwelle einer Dampfmaschine, eines Gasmotors, oder auf der Welle eines Elektromotors. Sie heißt Antriebscheibe. Die andere Scheibe sitzt auf der getriebenen Welle, z. B. einer Transmissionswelle, einer Vorgelegewelle, oder auf der Drehspindel der Drehbank (Stufenscheibe). Man nennt sie getriebene Scheibe. Die Antriebscheibe nimmt den Riemen infolge der Reibung mit. Dadurch wird die drehende Bewegung der Antriebwelle auf die getriebene Welle übertragen. Der Riemen kann offen oder gekreuzt sein. Beim offenen Riemen (Abb. 83) drehen sich die beiden Wellen nach einer Richtung; beim gekreuzten Riemen (Abb. 84) ist die Drehrichtung der beiden Wellen entgegengesetzt.

2. Anordnung. Die Antriebwelle und die getriebene Welle sind meist parallel, und die Mittelebenen der beiden Scheiben liegen in derselben Ebene (Abb. 83 und 84). Die beiden Wellen können sich jedoch auch kreuzen, so daß die Mittelebenen der Scheiben einen Winkel bilden. Dann hat man einen geschränkten Riementrieb. Schließen die Mittelebenen der Scheiben einen Winkel von 90^0 ein (Abb. 85), so nennt man den Riementrieb halbgeschränkt. Beträgt der Winkel 45^0, so ist der Riementrieb viertelgeschränkt. Bei allen Riementrieben, insbesondere beim geschränkten Riementrieb, müssen die beiden Scheiben so angebracht sein, daß die Mittellinie des auflaufenden

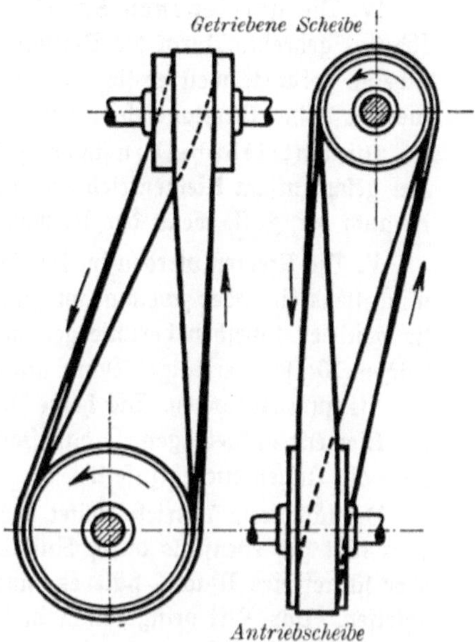

Abb. 85. Geschränkter Riemen.

Riemens in die Mittelebene der zugehörigen Scheibe fällt. Der geschränkte Riementrieb läßt nur eine Bewegung in der Pfeilrichtung zu (Abb. 85). Bei entgegengesetzter Drehrichtung springt der Riemen ab. Auch muß die getriebene Scheibe hier sehr breit sein, weil der Riemen beim Lauf auf ihr hin und her wandert. Die genaue Lage der beiden Scheiben stellt man in der Regel durch Ausprobieren fest.

Die drei Riementriebe Abb. 83, 84 und 85 sind selbstleitend; d. h. der Riemen führt sich selbst über die beiden Scheiben. Beim Winkeltrieb (Abb. 86) sind zur Führung des Riemens noch zwei Leitrollen erforderlich. Dadurch wird der Winkeltrieb auch selbstleitend. Mit Hilfe von zwei oder mehreren Leitrollen kann der Riementrieb für jede beliebige Lage der Wellen benutzt werden.

3. Besondere Angaben für den Riementrieb.

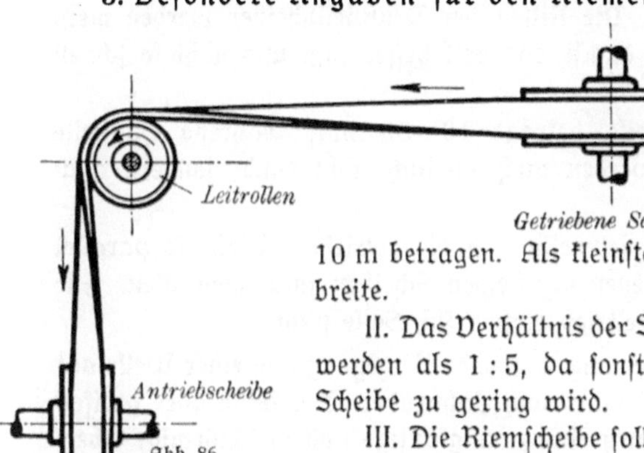

I. Der Abstand der Wellen darf bei Riemen bis zu 100 mm Breite nicht über 5 m sein. Für Riemen von 120 mm Breite und mehr kann der Abstand bis zu 10 m betragen. Als kleinster Abstand gilt die 20fache Riemenbreite.

II. Das Verhältnis der Scheibendurchmesser soll nicht größer werden als 1 : 5, da sonst der umspannte Bogen der kleinen Scheibe zu gering wird.

III. Die Riemscheibe soll stets etwas breiter als der Riemen sein, damit der Riemen immer eine gute Auflage hat.

IV. Die getriebenen Scheiben werden meist an ihrem Umfange gewölbt (ballig) gedreht. Durch die Wölbung wird der Riemen genau über die Mitte der Scheibe geführt, weil er sich im Lauf immer auf die höchste Stelle arbeitet. Auch werden kleine Montagefehler durch die Wölbung ausgeglichen.

Alle Antriebscheiben sind nicht gewölbt, sondern flach (zylindrisch) abzudrehen. Bei geschränktem Riementrieb und beim Winkeltrieb sind beide Scheiben flach. Dies ist auch der Fall, wenn der Riemen verschoben werden muß.

V. Die Riemen werden im Betriebe leicht mürbe und brüchig. Sie müssen daher mindestens ein- oder zweimal im Jahre eingefettet werden. Zu diesem Zweck werden sie von den Scheiben heruntergenommen und zunächst durch kräftiges Bürsten mit heißem Wasser gereinigt. Dann nimmt man Fischtran oder Rindertalg und erhitzt ihn bis zum Aufkochen. Die heiße Masse wird mit einer Bürste auf der Innenseite des Riemens aufgetragen, so daß sich die Poren gut vollsaugen. Es ist vorteilhaft, auch die Außenseite einzufetten.

Bei längerem Betrieb gleitet der Riemen oft und zieht nicht mehr gut durch. Dies läßt sich ebenfalls durch Einfetten beheben. Man nimmt ein Stück Rindertalg oder säurefreies Wachs, hält es innen an den Riemen und läßt es von ihm abschleifen. Das Fett dringt dann in die Poren ein, wodurch der Riemen anschwillt und kürzer wird. Die Folge davon ist, daß er besser durchzieht.

Der Riemen soll nicht mit Harz oder Kolophonium eingerieben werden. Er zieht dann im Anfange wohl besser durch. Nach kurzer Zeit wird die Masse jedoch fest und glatt, wodurch der Riemen dann schlechter zieht als vorher; auch wird er schneller brüchig.

c) Der Seiltrieb. Oft ist der Abstand der Antriebwelle von der getriebenen Welle sehr groß, so daß der Riemen sehr lang wird. Vielfach sind auch große Kräfte zu übertragen, wodurch der Riemen sehr breit und dick sein muß. In diesen Fällen wird der Riemen zu kostspielig. Man verwendet dann an Stelle des Riemens Seile für die Kraftübertragung. Die Seile werden entweder aus Eisen- oder Gußstahldraht oder aus Hanf hergestellt. Demnach unterscheidet man Drahtseil- und Hanfseiltriebe. Für den Seiltrieb benutzt man Scheiben, die an ihrem Umfange mit Rillen versehen sind (Seilscheiben). Die Rillen der Drahtseilscheiben werden meist mit Leder oder Holz ausgefüttert, damit das Seil besser faßt und nicht so schnell verschleißt.

Der Durchmesser der Drahtseile beträgt 10—30 mm, während Hanfseile 30—60 mm stark sind. Letztere werden auch vielfach nicht rund, sondern quadratisch hergestellt.

Beim Seiltrieb müssen die Antriebwelle und die getriebene Welle so parallel wie möglich sein und die Mittelebenen der beiden Scheiben zusammenfallen. Für einen geschränkten Trieb oder Winkeltrieb eignen sich Seile nicht.

d) Die Zahnrädergetriebe. Um eine drehende Bewegung von einer Welle auf eine andere zu übertragen, benutzt man auch Zahnräder. Die Zahnräder greifen mit ihren Zähnen ineinander, wodurch eine zwangläufige und gleichförmige Übertragung zustande kommt.

Beim Riemen= und Seiltrieb ist die Übertragung nicht immer gleichförmig. Oft tritt z. B. eine Überlastung der getriebenen Welle und damit ein Gleiten des Riemens ein. Die getriebene Welle wird dann nicht gleichförmig gedreht.

Die Zahnrädergetriebe werden meistens angewandt, um zweckmäßige Umdrehungs= zahlen bei den einzelnen Maschinen zu erreichen. Man findet sie daher bei fast allen Arbeitsmaschinen, z. B. der Drehbank, der Bohrmaschine, der Fräsmaschine, der Hobel= maschine usw. Auch die Kraftmaschinen sind mehr oder weniger mit Zahnräder= getrieben versehen.

(Rechnerische Betrachtung der Riemen= und Zahnrädergetriebe siehe Rechenbuch für Maschinenbauerklassen von Uhrmann und Schuth, Verlag v. B. G. Teubner, Leipzig.)

B. Die Hebezeuge.

a) Allgemeines.

Hebezeuge dienen dazu, Gegenstände zu heben, zu senken oder von einer Stelle zur andern zu befördern. Das einfachste Hebezeug ist der Arm des Menschen. Er hebt durch die Kraft der Muskeln. Sind Gegenstände von großem Gewicht zu heben, so reicht die Kraft des Menschen nicht aus. Oft müssen die Gegenstände auch auf große Höhen gehoben werden, so daß die Körperlänge des Menschen nicht ausreicht. Man baut deshalb Vorrichtungen und Maschinen, die die menschliche Kraft ergänzen oder ganz ersetzen. Viele Arbeiten lassen sich ohne Hebezeug nicht ausführen, z. B. die Montage schwerer Maschinen. Die Hebezeuge werden daher im Maschinenbau sehr viel angewandt.

b) Die Grundmaschinen der Hebezeuge.

Jede größere Maschine besteht immer aus Hauptteilen, die man Elementar= oder Grundmaschinen nennt. Bei den Hebe= maschinen sind diese Grundmaschinen die wichtigsten Teile. Die Hebezeuge haben zwei Grundmaschinen, die näher besprochen wer= den sollen. Diese sind der Hebel und die schiefe Ebene.

1. Der Hebel. Der Hebel hat den Zweck, die Wirkung einer Kraft zu verändern, und zwar entweder ihre Größe oder ihre Rich= tung oder beides. In den meisten Fällen soll die Wirkung der Kraft durch den Hebel er= höht werden. Man unterscheidet bei jedem Hebel den Unterstützungs= oder Drehpunkt C und die Angriffspunkte der Last und Kraft A und B (Abb. 87, 88, 89). Die Ent=

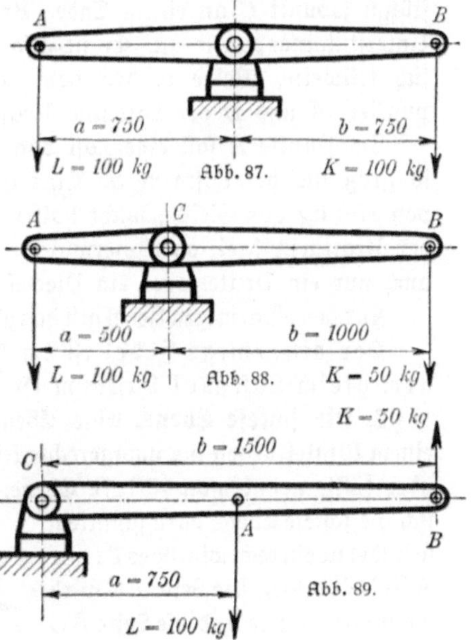

fernungen vom Unterstützungspunkte bis zu den Angriffspunkten nennt man Hebel=
arme. In den Abb. 87, 88 und 89 ist jedesmal a der Lastarm und b der
Kraftarm.

Gleicharmiger Hebel. Liegt der Unterstützungspunkt C eines Hebels zwischen
den Angriffspunkten B und C, so ist der Hebel zweiarmig (Abb. 87 und 88).
Sind beide Arme gleich lang, so ist der Hebel auch gleicharmig (Abb. 87). Hängt
man im Punkte A des Hebels eine Last von 100 kg auf, so wird eine Kraft von
100 kg im Punkte B dieser Last das Gleichgewicht halten. Hieraus folgt das Gesetz:

Der gleicharmige Hebel ist im Gleichgewicht, wenn Kraft und Last
einander gleich sind.

Ungleicharmiger Hebel. Der in Abb. 88 dargestellte Hebel hat ungleiche Arme,
er ist daher ein ungleicharmiger Hebel. Im Punkte A soll eine Last von 100 kg
hängen. Der Kraftarm b ist doppelt so groß als der Lastarm a. Wirkt im Punkte B
eine Kraft von 50 kg, so hält die Kraft der Last von 100 kg das Gleichgewicht.

Die Kraft ist also nur halb so groß als die Last. Wäre der Kraftarm drei=
oder viermal so groß als der Lastarm, so brauchte die Kraft nur ein Drittel oder
ein Viertel so groß zu sein als die Last usw.

Vervielfacht man (Abb. 88) Last mit Lastarm und Kraft mit Kraftarm, so er=
hält man:

$100 \cdot 500 = \mathbf{50\,000}$ und $50 \cdot 1000 = \mathbf{50\,000}$. In beiden Fällen ergibt sich
also 50 000.

Hieraus folgt das Gesetz:

Der ungleicharmige Hebel ist im Gleichgewicht, wenn Kraft mal
Kraftarm gleich Last mal Lastarm ist.

Einarmiger Hebel. Der in Abb. 89 dargestellte Hebel hat seinen Unter=
stützungspunkt C an einem Ende. Kraft und Last greifen auf derselben Seite vom
Unterstützungspunkte an. Er ist also einarmig. Lastarm a und Kraftarm b decken
sich teilweise. Beide reichen vom Unterstützungspunkte C bis zu den Angriffs=
punkten A und B der Last und Kraft.

Im Punkte A soll eine Last von 100 kg hängen. Der Kraftarm b ist doppelt
so groß als der Lastarm a. Eine Kraft von 50 kg im Punkte B wird der Last
von 100 kg das Gleichgewicht halten. Die Kraft ist also nur halb so groß. Wäre
der Kraftarm drei= oder viermal so groß als der Lastarm, so brauchte die Kraft
auch nur ein Drittel oder ein Viertel so groß zu sein als die Last usw.

Für den einarmigen Hebel gilt das gleiche Gesetz wie für den ungleicharmigen Hebel:

Der einarmige Hebel ist im Gleichgewicht, wenn Kraft mal Kraft=
arm gleich Last mal Lastarm ist.

2. Die schiefe Ebene. Eine Ebene, die unter
einem Winkel gegen die waagerechte Richtung steigt
oder fällt, nennt man schiefe Ebene. Denkt man
sich die schiefe Ebene durchschnitten,
so bildet sie ein rechtwinkliges Dreieck
ABC (Abb. 90). Die Seite AC wird
die Grundlinie und die Seite BC

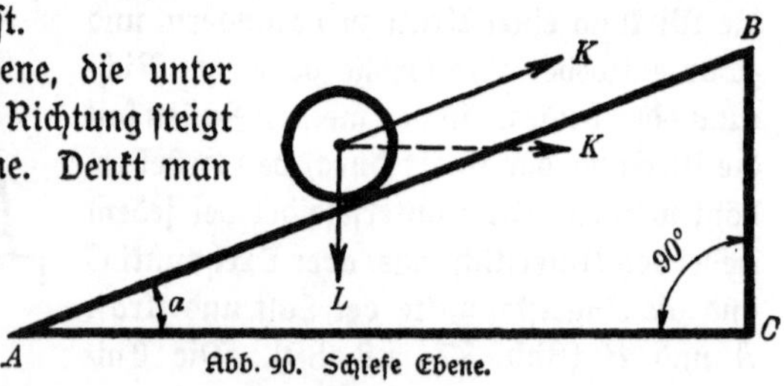

Abb. 90. Schiefe Ebene.

die Höhe genannt. Der Winkel a, den die schiefe Ebene mit der Grundlinie bildet, heißt Neigungswinkel.

Soll nun eine Last L in die Höhe geschafft werden, so kann die Kraft K entweder parallel zur schiefen Ebene oder parallel zur Grundlinie wirken (Abb. 90). In beiden Fällen genügt eine geringere Kraft, weil die Last zum Teil von der schiefen Ebene getragen wird. Die Kraft ist im Verhältnis zur Last um so kleiner, je weniger steil die schiefe Ebene ist.

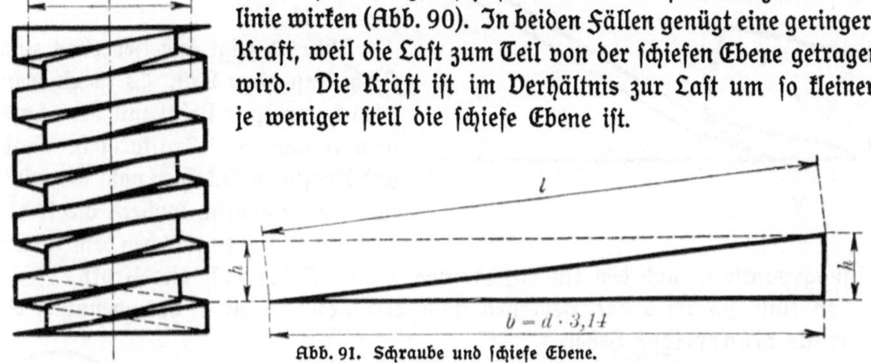

Abb. 91. Schraube und schiefe Ebene.

3. Die Schraube. Bei der Schraube bilden die um den Bolzen herumgeführten Gewindegänge eine schiefe Ebene. Denkt man sich, wie Abb. 91 zeigt, einen Gewindegang vom Bolzen abgewickelt, so erhält man die schiefe Ebene als ein Dreieck. Die Höhe h des Dreiecks ist die Steigung des Gewindes. Die Grundlinie b ist gleich dem Umfang des Gewindes, also gleich $d \cdot 3{,}14$. Hierbei ist d der mittlere Durchmesser des Gewindes. Die Länge des Gewindeganges ergibt sich aus der schiefen Seite l des rechtwinkligen Dreiecks.

Die Schraube kommt immer in Verbindung mit einem Schlüssel, einem Hebel usw. zur Anwendung. Damit wirkt die Kraft parallel zur Grundlinie der schiefen Ebene.

c) Einteilung der Hebemaschinen.

Die Hebemaschinen haben oft außer dem Heben und Senken eines Gegenstandes in senkrechter Richtung auch noch die Fortbewegung desselben in waagerechter Richtung auszuführen. Nach den Bewegungen, die mit einem Hebezeug möglich sind, kann man folgende Arten unterscheiden:

1. Mit dem Hebezeug läßt sich nur eine senkrechte Bewegung ausführen. (Hebeeisen, Flaschenzug, Winde, Aufzug.)

2. Mit dem Hebezeug läßt sich außer der senkrechten noch eine waagerechte, kreisförmige Bewegung ausführen. (Drehkran.)

3. Mit dem Hebezeug läßt sich neben der senkrechten noch eine waagerechte, geradlinige Bewegung ausführen. (Laufkran.)

d) Die wichtigsten Hebemaschinen.

1. Das Hebeeisen. Das Hebeeisen ist das einfachste Hebezeug. Als Hebeeisen kann jede Eisenstange benutzt werden. Die besonders angefer-

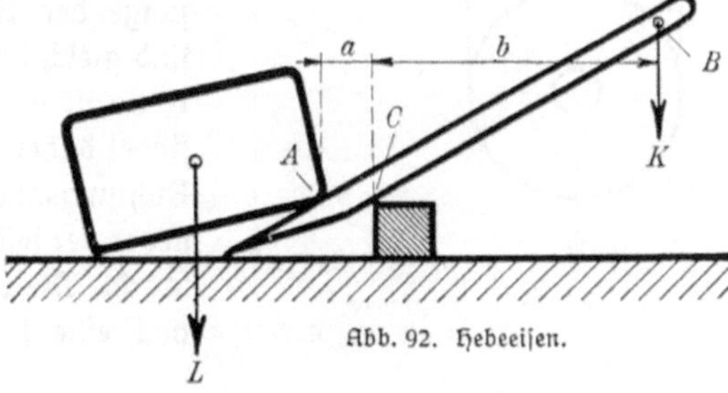

Abb. 92. Hebeeisen.

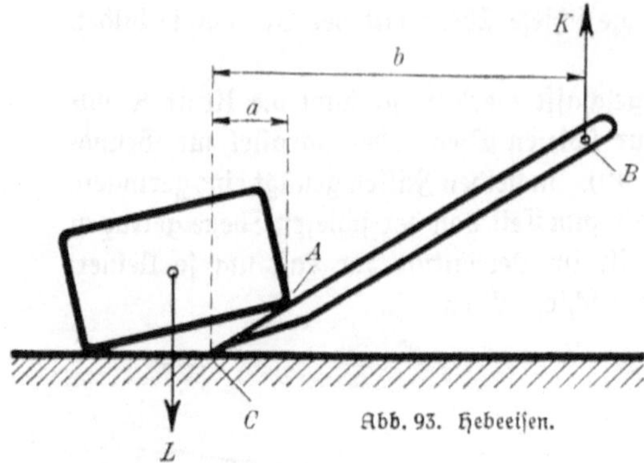

Abb. 93. Hebeeisen.

tigten Hebeeisen sind etwa 30—50 mm stark und 1—2 m lang. An einem Ende sind sie meist zugespitzt, so daß sie leichter unter die Lasten geschoben werden können.

Abb. 92 zeigt das Hebeeisen zum Anheben einer Last. Es ist ein un= gleicharmiger Hebel mit dem Last= arm a und dem Kraftarm b. Last= und Kraftarm sind hier nicht die wirk= lichen Hebellängen, sondern die senk= rechten Abstände zwischen dem Unter= stützungspunkte C und den Angriffspunkten A und B der Last und Kraft.

In Abb. 93 wird das Hebeeisen zum Umwenden einer Last benutzt. Es wirkt als einarmiger Hebel.

Mit dem Hebeeisen lassen sich Lasten nur auf geringe Höhen heben. Es dient hauptsächlich zum Anheben eines Stückes, wenn z. B. Rollen zum weiteren Fortschieben desselben unter= legt werden sollen, oder wenn ein Seil oder eine Kette zum Anhängen an einen Kran um das Stück gelegt werden soll.

2. Die feste und die lose Rolle. Die einfachste Vorrichtung, um Lasten auf größere Höhen zu heben, bildet die Rolle. Eine Rolle ist eine kreisförmige Scheibe, die um ihren Mittelpunkt drehbar ist. Der Umfang der Rolle ist zur Aufnahme eines Seiles oder einer Kette rillenartig vertieft.

Man unterscheidet feste und lose Rollen. Abb. 94 zeigt die feste Rolle. Sie kann auf einer festen Achse drehbar sein oder in einer festen Schere hängen. Um die Rolle ist ein Seil gelegt. An dem einen Ende des Seiles hängt z. B. eine Last von 100 kg. Dann hält an dem anderen Ende des Seiles eine Kraft von 100 kg dieser Last das Gleichgewicht.

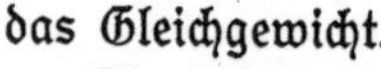

$L - 100\ kg$

Abb. 94.
Feste Rolle.

$K - 100\ kg$

Die Wirkung der festen Rolle läßt sich auf den gleicharmigen Hebel zurückführen. Der Unterstützungspunkt des Hebels liegt im Mittel= punkt C der Rolle. Die Angriffspunkte der Last und Kraft fallen mit den Punkten A und B am Um= fange der Rolle zusammen. Kraft= und Lastarm sind gleich dem Halbmesser der Rolle. Bei der festen Rolle ist die Kraft also immer gleich der Last. Es findet daher keine Ersparnis an Kraft, sondern eine Richtungsänderung derselben statt. In Abb. 95 ist neben der festen Rolle A noch eine lose Rolle B ange= bracht. Die lose Rolle kann neben der drehenden noch eine fortschreitende Bewegung ausführen.

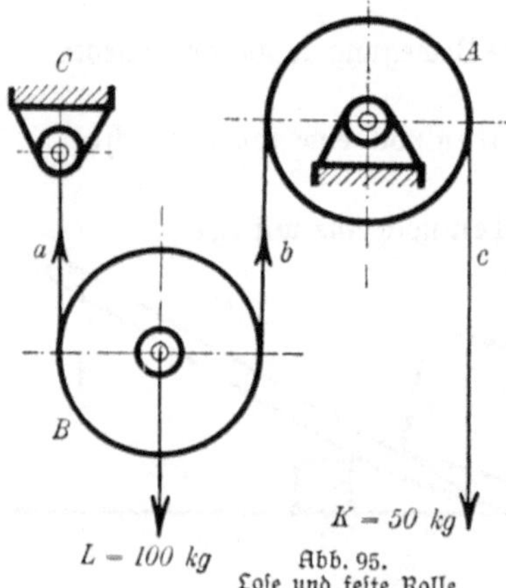

$K - 50\ kg$

$L - 100\ kg$

Abb. 95.
Lose und feste Rolle.

Um die feste und lose Rolle ist ein Seil geschlungen. An dem einen Ende des Seiles greift die Kraft an. Das andere Ende ist im Punkte C fest aufgehängt. Die Last L hängt an der losen Rolle. Beträgt die Last z. B. 100 kg, so kann man diese mit einer Kraft von 50 kg hochziehen. Die Kraft ist also bei Benutzung einer losen Rolle nur halb so groß als die Last. Dies erklärt sich wie folgt:

Die Seilstücke *a* und *b* haben je die Hälfte der Last gleich 50 kg zu tragen. Die eine Hälfte der Last im Seilstück *a* wird von dem festen Punkte C aufgenommen. Somit ist beim Hochziehen nur noch die andere Hälfte der Last im Seilstück *b* zu überwinden. Das Seilstück *b* geht weiter über die feste Rolle A. Kraft und Last sind aber bei der festen Rolle gleich. Demnach muß die Kraft im Seilstück *c* gleich der Last im Seilstück *b* sein. Die Kraft K ist also halb so groß wie die eigentliche Last, gleich 50 kg. Die feste und lose Rolle benutzt man hauptsächlich bei Bauten zum Heben geringer Lasten auf große Höhen.

3. Die Flaschenzüge. Durch Vereinigung einer festen mit einer losen Rolle läßt sich die Kraft für das Heben einer Last auf die Hälfte der Last verringern. Will man diesen Vorteil noch weiter ausnutzen, so verbindet man mehrere feste und lose Rollen zu einem Rollen= oder Flaschenzug. Man unterscheidet verschiedene Arten von Flaschenzügen. Die wichtigsten sind:

Der gewöhnliche Flaschenzug, der Diffe=rential=Flaschenzug und der Schrauben=flaschenzug.

a) **Der gewöhnliche Flaschenzug.** Der gewöhnliche Flaschenzug ist in Abb. 96 dargestellt. Er besteht aus einem oberen Kloben oder einer Flasche A. In dieser Flasche sind mehrere feste Rollen drehbar gelagert. Die untere Flasche B hat ebenso viele lose Rollen. Oft trägt sie auch eine Rolle weniger, als feste Rollen vor=handen sind. Die obere Flasche wird an einem festen Punkte C aufgehängt. Am unteren Ende der Flasche ist ein Seil befestigt. Dieses wird mit der unteren Flasche so verbunden, daß je zwei gleich=liegende feste und lose Rollen von einer Seil=schleife umfaßt werden. An einem Haken der unteren Flasche hängt die Last L. Die Kraft K zum Hochziehen der Last greift an dem freien Seilende an.

Hängt an dem in Abb. 96 dargestellten

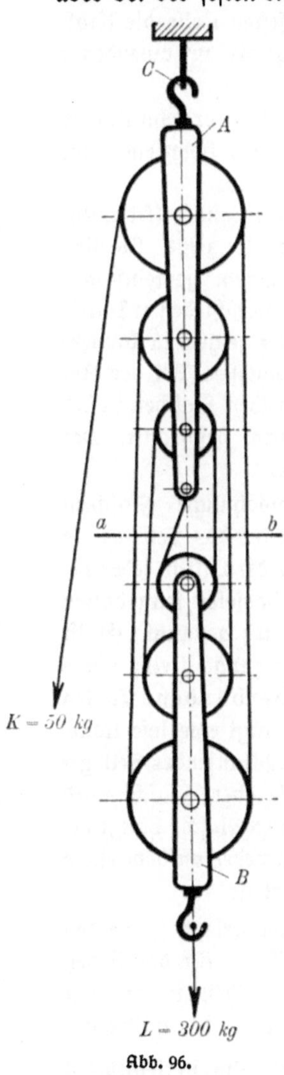

K = 50 kg

L = 300 kg

Abb. 96.
Gewöhnlicher Flaschenzug.

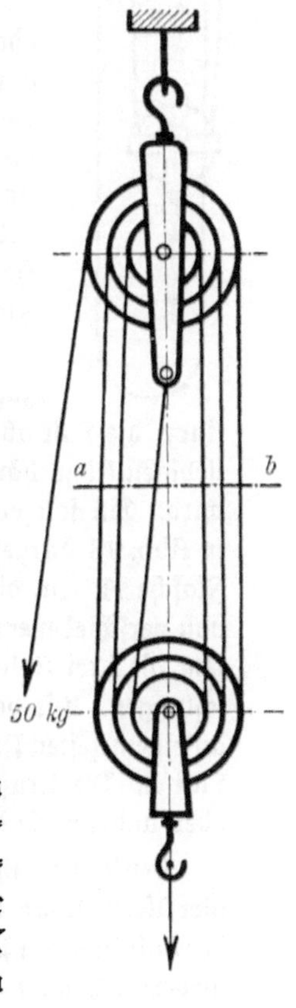

K = 50 kg

Abb. 97. Gewöhn=licher Flaschenzug.

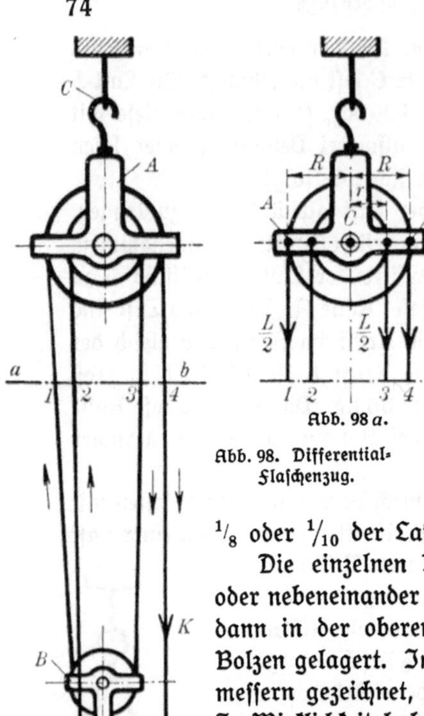

Abb. 98. Differential=
Flaschenzug.

Flaschenzug eine Last von z. B. 300 kg, so kann eine Kraft von 50 kg diese Last hochziehen.

Die Kraft beträgt also nur ein Sechstel der Last. Dies erklärt sich wie folgt:

Denkt man sich bei a—b einen Schnitt durch den Flaschenzug gelegt, so werden sechs Seile durchschnitten. Die Last verteilt sich demnach auf sechs Seile. Jedes Seil nimmt also ein Sechstel der Last auf. Das freie Seilende ist die Verlängerung des sechsten Seiles über die obere feste Rolle. Da bei der festen Rolle die Kraft gleich der Last ist, beträgt die aufzuwendende Kraft 50 kg.

Hat der Flaschenzug acht oder zehn Rollen, so beträgt die Kraft für das Hochziehen nur $^1/_8$ oder $^1/_{10}$ der Last.

Die einzelnen Rollen können entweder übereinander (Abb. 96) oder nebeneinander angeordnet werden, wie Abb. 97 zeigt. Sie sind dann in der oberen und unteren Flasche auf einem gemeinsamen Bolzen gelagert. In Abb. 97 sind die Rollen mit verschiedenen Durch= messern gezeichnet, um den Lauf des Seiles besser zeigen zu können. In Wirklichkeit haben die Rollen gleichen Durchmesser. Bei der An= ordnung der Rollen nach Abb. 96 nehmen die beiden Flaschen in der Höhe viel Raum fort. Die Hubhöhe wird dadurch beschränkt. Der Flaschenzug Abb. 97 hat eine größere Hubhöhe.

b) **Der Differential=Flaschenzug.** Der gewöhnliche Flaschen= zug hat einen großen Nachteil. Läßt der Arbeiter das Seil los, so stürzt die Last ab. Man baut deshalb Flaschenzüge, bei denen die Last in jeder be= liebigen Höhe hängen bleibt, ohne daß am Seil gezogen oder dasselbe festgehalten wird. Ein solcher Flaschenzug wird Differential=Flaschenzug genannt. Er ist in Abb. 98 dargestellt. In seiner einfachsten Ausführung hat er zunächst eine obere Flasche A. In dieser Flasche sind zwei fest miteinander verbundene Rollen von verschiedenem Durchmesser gelagert. Die untere Flasche B trägt eine lose Rolle. Um die drei Rollen ist ein Seil ohne Ende, d. h. ein in sich zurücklaufendes Seil ge= schlungen. Oft benutzt man an Stelle des Seiles eine Kette. Die obere Flasche wird an einem festen Punkte C aufgehängt. An einem Haken der unteren Flasche hängt die Last L. Die Kraft K zum Heben oder Senken der Last wirkt entweder an dem einen oder anderen Ende der herunterhängenden Seil= oder Kettenschleife.

Denkt man sich bei a—b einen Schnitt durch den Flaschenzug gelegt, so werden vier Kettenstücke durchschnitten. Der Lauf der einzelnen Kettenstücke für das Heben der Last ist durch Pfeile angedeutet. Damit nun nach dem Durchschneiden die Last nicht niedersinkt, muß an den Kettenstücken 1 und 3 je eine Kraft, gleich der Hälfte der Last, angreifen. Die Kettenstücke werden also mit je $\dfrac{L}{2}$ belastet. Am Kettenstück 4 greift die Kraft *K* an, während das Kettenstück 2 ohne Belastung ist. In Abb. 98a ist die obere Flasche *A* mit den vier abgeschnittenen Kettenstücken nochmals besonders gezeichnet. Nach dieser Abbildung müssen sich die Kräfte $\frac{L}{2}$ auf der linken Seite, sowie $\frac{L}{2}$ und *K* auf der rechten Seite an dem Hebel *A C B* das Gleichgewicht halten. Der Radius der großen Rolle sei *R*, der kleinen Rolle *r*. Dann ist nach dem Gesetz für den ungleicharmigen Hebel:

$$\frac{L}{2} \cdot R = \frac{L}{2} \cdot r + K \cdot R.$$

Hieraus ersieht man, daß die Kraft *K* sehr klein wird, wenn der Unterschied der beiden Rollenradien sehr klein ist. Wirkt die Kraft *K* nicht mehr am Kettenstück 4, so müßte nach dem Hebelgesetz die Last *L* sinken. Das Sinken würde um so eher erfolgen, je größer der Unterschied der beiden Rollenradien ist. Die beiden Rollen sind jedoch beim Differential-Flaschenzug nahezu gleich groß. Außerdem treten in dem Flaschenzug Reibungswiderstände auf, die überwunden werden müssen. Dadurch ist es nicht möglich, daß die Last durch ihr Eigengewicht beim Aufhören der Kraft *K* sinkt. Der Flaschenzug bleibt mit der Last stehen. Er ist selbsthemmend.

c) **Der Schraubenflaschenzug.** Abb. 99 zeigt einen Schraubenflaschenzug. Die Schraubenflaschenzüge sind meist mit einer besonderen Vorrichtung für die Selbsthemmung versehen.

d) **Anwendung der Flaschenzüge.** Die verschiedenen Flaschenzüge werden viel angewandt. In der Werkstatt braucht man sie zum Anheben schwerer Teile beim Aufspannen, Umspannen und Abspannen auf Werkzeugmaschinen. Bei der Montage größerer Maschinen sind sie unentbehrlich. Außerdem finden die Flaschenzüge bei Bauten eine ausgedehnte Verwendung.

4. Die Winden. Wird die zu hebende Last sehr groß, oder ist ein Flaschenzug nicht anzubringen, so benutzt man eine Winde. Die hauptsächlichsten Winden sind:

Die Zahnstangenwinde, die Schraubenwinde, die Kurbelwinde und die Zahnräderwinde.

a) **Die Zahnstangenwinde.** In Abb. 100 ist eine Zahnstangenwinde dargestellt. Sie besteht aus einer kräftigen Zahnstange *A*, die in einem Gehäuse *B* geführt ist. Die Last ruht auf einem Horn am Kopfende der Zahnstange. Oft befindet sich auch am Fußende ein seitliches Horn zum Auflegen der Last. In die Zahnstange greift ein Zahnrad *C* ein. Dieses wird mittels der Kurbel *D* gedreht. Dadurch kann die Zahnstange mit der Last gehoben oder gesenkt werden. Eine Sperrklinke verhindert das selbsttätige Zurückgehen der Last. Die Wirkung der Winde beruht auf der Wirkung eines

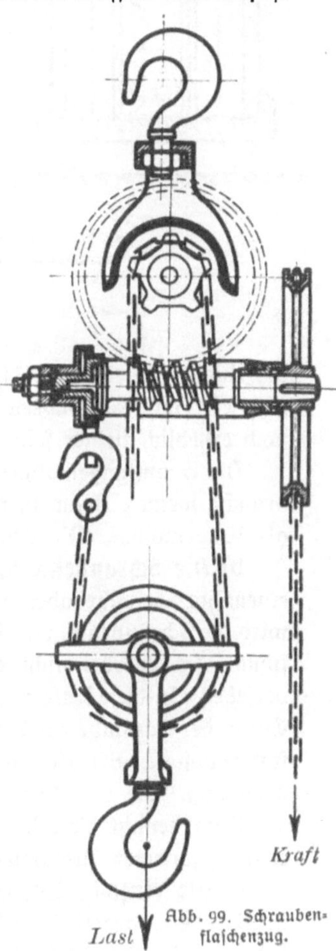

Abb. 99. Schraubenflaschenzug.

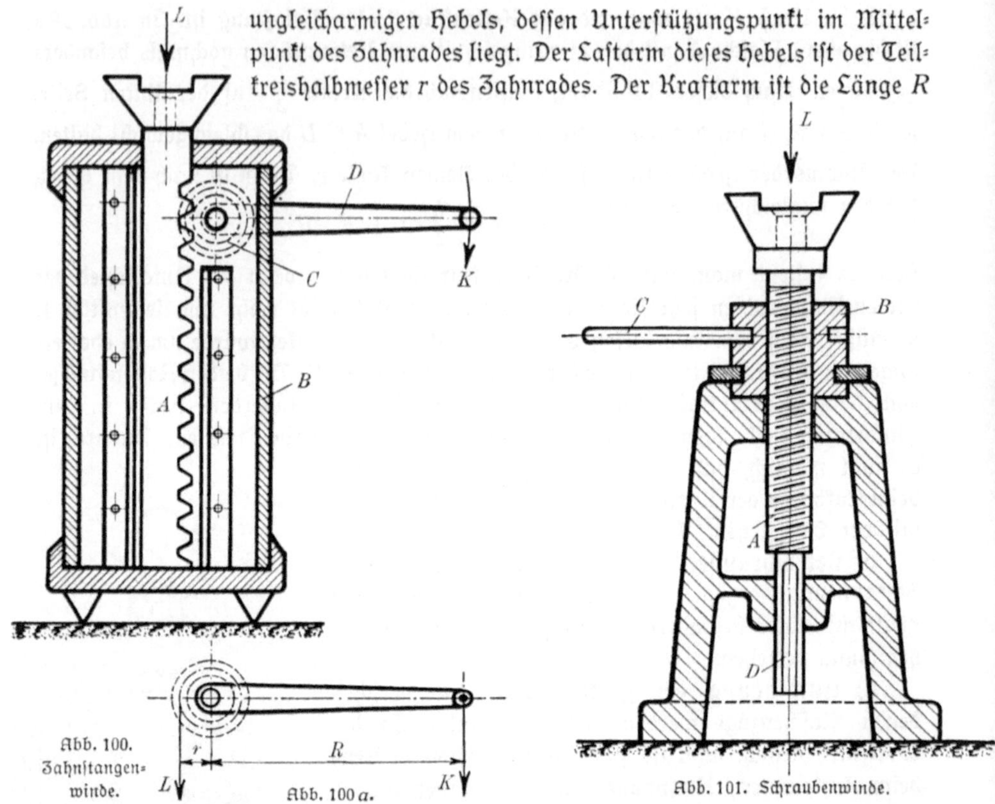

ungleicharmigen Hebels, dessen Unterstützungspunkt im Mittel=
punkt des Zahnrades liegt. Der Lastarm dieses Hebels ist der Teil=
kreishalbmesser r des Zahnrades. Der Kraftarm ist die Länge R

Abb. 100.
Zahnstangen=
winde.

Abb. 100 a.

Abb. 101. Schraubenwinde.

der Kurbel. (Siehe Abb. 100 a.) Vielfach baut man für den Antrieb der Zahnstange
nicht ein Zahnrad, sondern ein Zahnrädervorgelege ein. Dabei kann dann die Kraft K
noch erheblich kleiner sein.

Die Zahnstangenwinde wird zum einseitigen Anheben schwerer Werkstücke ge=
braucht, wenn z. B. an einer Stelle etwas unterlegt werden soll. Meist dient sie jedoch
als Wagenwinde. Die Hubhöhe der Winde ist klein. Sie beträgt 300—500 mm.

b) **Die Schraubenwinde.** Abb. 101 zeigt eine Schraubenwinde. Die Last ruht auf
einem Horn der Schraubenspindel. Durch Drehen an der Mutter B mit Hilfe des Hebels C
wird die Schraubenspindel A mit der Last gehoben oder gesenkt. Damit die Schrauben=
spindel sich hierbei nicht dreht, ist sie an ihrem unteren Ende mit einer Nute D
versehen. In diese Nute greift ein Keil ein. Beim Drehen der Mutter kommt die schiefe
Ebene der Schraube zur Wirkung. Die Kraft wird besser übersetzt als bei der Zahn=
stangenwinde. Bei richtiger Wahl der Gewindesteigung besitzt die Winde Selbst=
hemmung. Die Last kann also nicht von selbst zurückgehen.

Man benutzt die Schraubenwinde hauptsächlich zum Anheben von Lokomotiven,
Kesseln, schweren Maschinenteilen usw. auf geringe Höhen.

c) **Die einfache Kurbelwinde.** Die Kurbelwinde, auch Wellrad genannt, ist
in Abb. 102 dargestellt. Sie besteht aus einer Welle A, auf der eine Handkurbel B
befestigt ist. Die Welle ist in zwei Böcken C drehbar gelagert. Auf der Welle

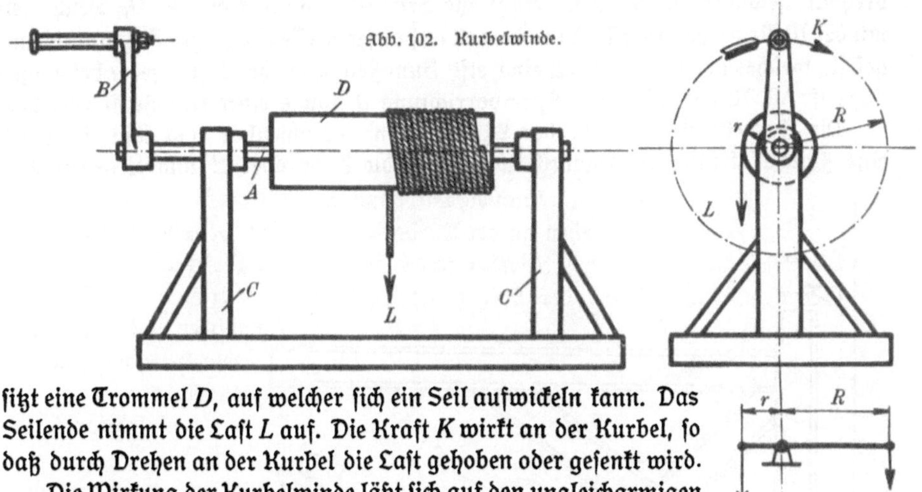

Abb. 102. Kurbelwinde.

Abb. 102 a.

fitzt eine Trommel *D*, auf welcher fich ein Seil aufwickeln kann. Das
Seilende nimmt die Laft *L* auf. Die Kraft *K* wirkt an der Kurbel, fo
daß durch Drehen an der Kurbel die Laft gehoben oder gefenkt wird.

Die Wirkung der Kurbelwinde läßt fich auf den ungleicharmigen
Hebel zurückführen (Abb. 102a). Der Unterftützungspunkt des Hebels
liegt im Mittelpunkt der Welle. Der Kraftarm ift gleich dem Kurbel-
halbmeffer *R*; der Laftarm ift gleich dem Halbmeffer *r* der Trommel. Nach dem Hebel-
gefetz ift alfo für die Kurbelwinde

$$K \cdot R = L \cdot r.$$

Hieraus berechnet fich die Kraft *K* zu

$$K = \frac{L \cdot r}{R}.$$

Die einfache Kurbelwinde wird hauptfächlich bei Brunnen zum Fördern von
Waffer gebraucht.

d) **Die Zahnräderwinde.** Abb. 103 zeigt eine Zahnräderwinde. Sie befteht
aus zwei Ständern *A*, die durch Stehbolzen *B* in fefter Entfernung voneinander
gehalten werden. In diefen Ständern ift oben die Kurbel- oder Kraftwelle *C* drehbar gelagert. Auf diefer Welle find die beiden Kurbeln *D* fowie ein kleines Zahnrad *E* befeftigt. Unten ift zwifchen den Ständern die Trommel- oder Laftwelle *F*

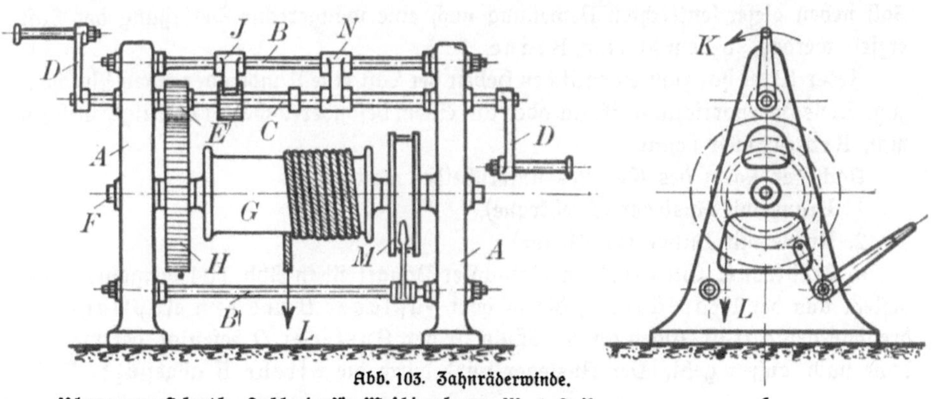

Abb. 103. Zahnräderwinde.

drehbar gelagert. Diese Welle trägt die Seil= oder Kettentrommel *G*, welche fest mit der Welle verbunden ist. Außerdem ist auf dieser Welle ein großes Zahnrad *H* auf= gekeilt, welches in das Zahnrad *E* eingreift. Zum Festhalten der Last in jeder beliebigen Lage ist die Winde mit einer Sperrvorrichtung *J* sowie einer Bremse *M* versehen.

Die Kurbelwelle *C* ist in der Längsrichtung verschiebbar und läßt sich durch eine Falle *N* feststellen. Dadurch lassen sich die Zahnräder *E* und *H* außer Ein= griff setzen. Man kann die Last dann mit Hilfe der Bremse sinken lassen.

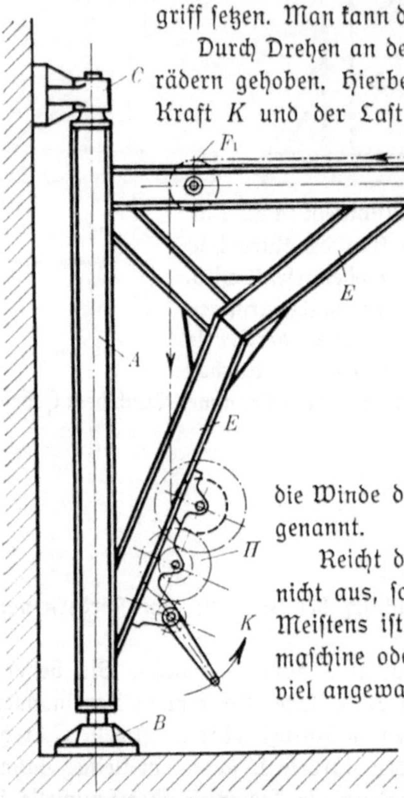

Durch Drehen an der Kurbel wird die Last bei eingerückten Zahn= rädern gehoben. Hierbei findet eine große Übersetzung zwischen der Kraft *K* und der Last *L* statt. Kurbel, Zahnräder und Trommel wirken auch wieder nach dem Hebelgesetz aufein= ander.

Sind sehr große La= sten mit der Winde zu heben, so ordnet man statt des einen Zahn= räderpaars mehrere Zahnräderpaare an. Je nach der Anzahl der Zahnräderpaare wird die Winde dann doppelte oder dreifache Zahnräderwinde genannt.

Reicht die menschliche Kraft zum Antrieb der Winde nicht aus, so treibt man sie durch eine Kraftmaschine an. Meistens ist dies ein Elektromotor, seltener eine Dampf= maschine oder ein Gasmotor. Die Zahnräderwinde wird viel angewandt. Man findet sie in Maschinenfabriken, in Bergwerken, auf Schiffen, bei Bauten usw.

5. Die Krane. Die besprochenen Hebe= zeuge (Flaschenzug, Winden) dienen dazu, Lasten in senkrechter Richtung zu befördern.

Abb. 104. Drehkran.

Soll neben dieser senkrechten Bewegung noch eine waagerechte Versetzung der Last erzielt werden, so benutzt man Krane.

Jeder Kran hat zum eigentlichen Heben der Last eine Winde oder einen Flaschen= zug. Diese Hebevorrichtung ist an oder auf einem besonderen Gerüst befestigt, welches man Krangerüst nennt.

Nach der Form des Gerüstes unterscheidet man:

1. Krane mit Ausleger (Drehkrane),
2. Krane mit Bühne (Laufkrane).

a) **Drehkrane.** Ein Drehkran einfachster Bauart ist in Abb. 104 dargestellt. Er besteht aus der Kransäule *A*, die in dem Fußlager *B* und dem Kopflager *C* drehbar gelagert ist. Oben an der Säule ist der Ausleger *D* befestigt, der waage= recht nach außen geht. Der Ausleger wird durch die Strebe *E* abgestützt. Vorn am Ausleger ist eine feste Rolle F drehbar gelagert. Das eine Ende eines Lastseiles ist am Ausleger befestigt. In der Schleife des Seiles hängt eine lose Rolle G mit der Last L. Das Seil geht über die Rollen F und F_1 weiter zu einer Winde H, die unten am Krangerüst befestigt ist. Von hier erfolgt das Heben und Senken der Last.

Mit diesem einfachen Drehkran kann man zwei Bewegungen ausführen und zwar: Heben der Last und kreisförmiges Schwenken derselben. Er wird meistens in Häfen, Schuppen, Magazinen usw. benutzt und an einer Wand aufgestellt. Man nennt ihn daher auch Magazin- oder Wanddrehkran.

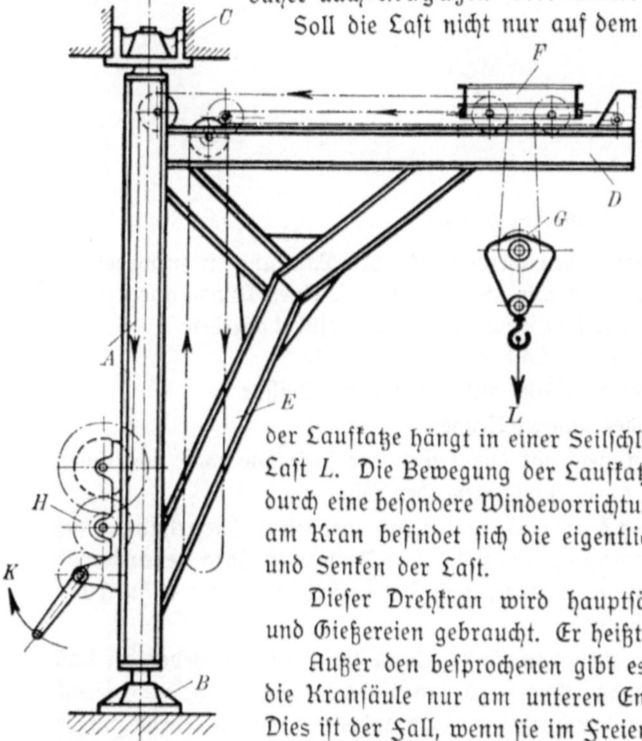

Soll die Last nicht nur auf dem Umfang eines Kreises, sondern auf einer Kreisfläche abgesetzt werden, so benutzt man einen Drehkran nach Abb. 105. Er besteht ebenfalls aus der Säule A, die bei B und C drehbar gelagert ist, dem Ausleger D und der Strebe E.

Auf dem Ausleger ist ein kleiner Wagen F verschiebbar. Einen solchen Wagen nennt man Laufkatze. An der Laufkatze hängt in einer Seilschleife eine lose Rolle G mit der Last L. Die Bewegung der Laufkatze auf dem Ausleger erfolgt durch eine besondere Windevorrichtung mittels einer Kette. Unten am Kran befindet sich die eigentliche Winde H für das Heben und Senken der Last.

Dieser Drehkran wird hauptsächlich in Maschinenfabriken und Gießereien gebraucht. Er heißt daher auch Gießereikran.

Außer den besprochenen gibt es noch Drehkrane, bei denen die Kransäule nur am unteren Ende gestützt und gelagert ist. Dies ist der Fall, wenn sie im Freien stehen müssen. Man nennt sie freistehende Krane und wendet sie meist an Ufern von Flüssen zum Beladen und Entladen von Schiffen an.

Abb. 105. Drehkran.

b) **Laufkrane.** Die Werkstätten einer Maschinenfabrik sind meist langgestreckt. Oft sind Werkstücke von der Drehbank zur Hobelmaschine, von dieser zur Bohrmaschine zu befördern usw. Das Werkstück muß also an jeder beliebigen Stelle der Werkstatt aufgenommen oder abgesetzt werden können. Für diesen Zweck benutzt man Laufkrane.

In Abb. 106 ist ein Laufkran dargestellt.

Er besteht aus der Bühne, die aus Profileisen (I-, ⊔-, L-Eisen usw.) hergestellt ist. Die Bühne ruht mit Laufrädern auf der Fahrbahn und kann auf dieser fortbewegt werden. Die Fahrbahn liegt auf Mauervorsprüngen der Werkstatt. Bei Fabrikhallen aus Eisen ist die Fahrbahn mit der Eisenkonstruktion vereinigt. Auf der Bühne befindet sich die Laufkatze. Sie ruht ebenfalls mit Laufrädern auf Schienen.

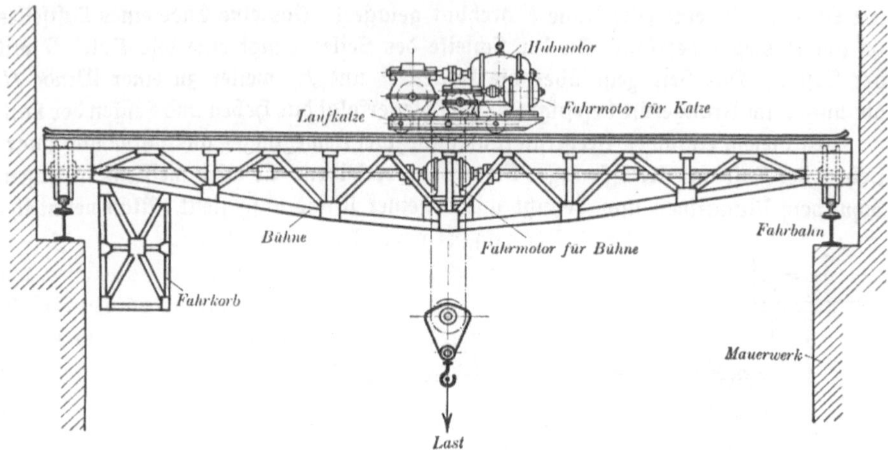

Abb. 106. Lauftran.

und kann auf der Bühne verschoben werden. An der Laufkatze ist entweder ein Flaschenzug angehängt, oder sie ist wie in Abb. 106 mit einer Winde ausgerüstet.

Mit einem Lauftran können drei Bewegungen ausgeführt werden:

1. Das senkrechte Heben der Last mittels der Winde.

2. Das Querfahren der Laufkatze mit Last auf der Bühne.

3. Das Längsfahren des ganzen Kranes.

Bei kleineren Lauftranen geschieht das Heben der Last wie auch das Quer= und Längsfahren von Hand durch Handketten oder Seile.

Größere Lauftrane werden durch Elektromotoren angetrieben. Sie erhalten dann einen Motor für alle drei Bewegungen oder für jede Bewegung einen besonderen Motor. Diese letzteren Krane nennt man auch Dreimotorentrane (Abb. 106). Sie sind heute fast nur im Gebrauch.

Der Einmotorentran arbeitet ungünstig, denn die Kraft zum Heben der Last ist bedeutend größer, als für das Quer= und Längsfahren. Der Motor muß jedoch für die größte Leistung gebaut werden und wird daher bei den Fahrbewegungen schlecht ausgenutzt.

Bei Dreimotorentranen kann jeder Motor der erforderlichen Kraft angepaßt werden. Die drei Motoren können unabhängig voneinander arbeiten. Alle drei Bewegungen lassen sich bei geschickter Bedienung zu gleicher Zeit ausführen. Dadurch wird die Zeit für das Heben, das Senken und die Fahrbewegungen bedeutend verkürzt.

Zur Bedienung des Kranes ist ein Mann (Kranführer) erforderlich. Er steht in einem besonderen Fahrkorb, der seitlich unter der Bühne angebracht ist. Der Kranführer schaltet die Motoren ein und aus und fährt im Fahrkorb immer mit dem Kran.

6. Die Aufzüge. Ein Aufzug ist ein Hebezeug, welches die Last nicht an einem Haken, sondern in einem offenen oder geschlossenen Kasten aufnimmt. Der Kasten heißt Fahrkorb. Die Aufzüge werden nach ihrem Verwendungszweck benannt. Danach unterscheidet man:

Waren=, Speise=, Kohlen=, Erz=, Personen= und Lastenaufzüge.

Die Lastenaufzüge mit Personenbeförderung sind wohl am meisten im Gebrauch. Sie bestehen aus einem einfachen Fahrkorb, der zur Aufnahme der Lasten kräftig gehalten ist. Der Fahrkorb bewegt sich in einem Aufzugsschacht, der mit Führungs= schienen versehen ist. Durch eine besondere Hebevorrichtung, in der Regel eine Winde, wird der Fahrkorb an Drahtseilen gehoben oder gesenkt. Der Fahrkorb setzt die Lasten oder Personen in den verschiedenen Stockwerken eines Gebäudes ab. Von hier aus können sie dann weiterbefördert werden. Da der Fahrkorb ein großes Gewicht hat, wird er und auch meist die Hälfte der Nutzlast durch Gegen= gewichte ausgeglichen. Dadurch wird zum Heben der größten Last nur halb soviel Kraft gebraucht.

Die Aufzüge werden heute fast allgemein durch einen Elektromotor angetrieben.

Um Unfälle zu vermeiden, müssen die Aufzüge mit Sicherheitsvorrichtungen versehen sein.

Die Drahtseile nützen sich mit der Zeit ab und können durchreißen. Dadurch würde der Fahrkorb abstürzen. Die Aufzüge sind deshalb mit Fangvorrichtungen versehen. Sie wirken in der Weise, daß der lose Fahrkorb, der frei in der Luft schwebt, zwischen den Führungsschienen festgeklemmt wird.

Der Fahrkorb bewegt sich in einem geschlossenen Schacht.

Nur an den Stellen, wo der Aufzug halten soll, sind in den verschiedenen Stock= werken Öffnungen vorhanden. Damit nun niemand in den Schacht hineinfallen kann, wenn der Fahrkorb nicht in gleicher Höhe mit dem Stockwerk ist, sind besondere Türverriegelungen vorgesehen.

Die Türe kann nur geöffnet werden, wenn der Fahrkorb in gleicher Höhe mit dem Stockwerk ist.

Damit auch das Schließen der Tür nicht vergessen wird, ist die Ingangsetzung des Aufzuges hiervon abhängig gemacht. Er kann nur in Betrieb gesetzt werden, wenn die Türe geschlossen ist.

e) Sicherheitsvorschriften.

1. Die Hebezeuge dürfen nicht über die höchste zulässige Belastung benutzt werden.

2. Alle Teile eines Hebezeugs wie: Ketten, Zughaken, Sperräder, Sperrklinken, Bremsen, Zahnräder, Kurbeln usw. sind öfters gründlich nachzusehen.

3. Die Bindeketten und Seile, die zum Anhängen der Last gewählt werden, müssen genügend stark sein.

4. Bei den Hebezeugen für Handbetrieb muß beim Heben der Last die Sperr= klinke im Sperrade liegen.

5. Erfolgt das Senken der Last durch eine Bremse, so sind die Kurbeln auszu= rücken.

6. Es darf niemand unter der anhängenden Last Stellung nehmen oder Ar= beiten verrichten. Sind solche Arbeiten z. B. beim Montieren notwendig, so ist die Last vorher zu unterfangen.

C. Die Pumpen.

a) Allgemeines.

Die Pumpen bilden eine besondere Art der Hebemaschinen. Während die eigentlichen Hebemaschinen zum Heben fester Körper gebraucht werden, dienen die Pumpen zum Heben und Fördern flüssiger Körper. Solche sind:

Wasser, Öl, Benzin, Benzol, Petroleum, Säuren, Teer usw. In den meisten Fällen kommen die Pumpen zum Heben und Fördern von Wasser zur Anwendung.

b) Arten.

Die Pumpen werden sehr verschiedenartig gebaut. Daher ist auch die Einteilung und Bezeichnung der Pumpen verschieden. Nach der Flüssigkeit teilt man sie ein in Wasser=, Öl=, Benzin=, Säurepumpen usw.

Meist bezeichnet man sie jedoch nach ihrer Bauart. Danach unterscheidet man Kolbenpumpen, Plungerpumpen, Schleuder= oder Zentrifugalpumpen, Zahnrad= oder Rotationspumpen, Strahlpumpen usw.

In bezug auf die Wirkungsweise unterscheidet man einfachwirkende und doppeltwirkende Pumpen.

c) Allgemeine Wirkungsweise der Pumpen.

Das Heben von Flüssigkeiten durch die Pumpen geschieht durch Saugen. Das Fördern erfolgt meist durch Drücken. Das Saugen oder die Saugwirkung der Pumpen erklärt sich nach Abb. 107 und Abb. 108 wie folgt:

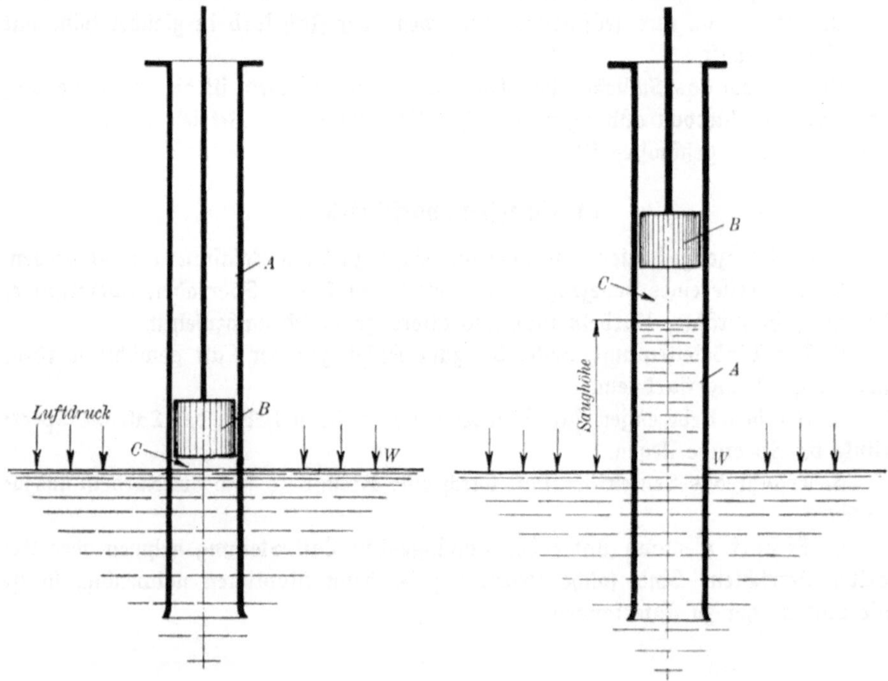

Abb. 107 u. Abb. 108.
Wirkungsweise der Pumpen.

Das Rohr *A* ragt mit seinem unteren Ende ins Wasser. In dem Rohr befindet sich ein dicht abschließender Kolben *B*. Das Wasser steht im Rohr in gleicher Höhe mit dem Wasserspiegel *W* (Abb. 107). Zwischen dem Kolben und dem Wasser im Rohr befindet sich ein Luftraum *C*.

Bewegt man nun den Kolben *B* nach oben (Abb. 108), so vergrößert sich der Raum *C*. Die Luft unter dem Kolben wird verdünnt, und damit nimmt der Druck im Raum *C* ab. Auf dem Wasserspiegel *W* lastet der äußere Luftdruck. Dieser ist größer als der Druck im Raum *C*. Der äußere Luftdruck treibt daher das Wasser im Rohr *A* in die Höhe (Abb. 108). Das Wasser wird jedoch nur bis zu einer gewissen Höhe in dem Rohre steigen. Der äußere Luftdruck lastet nämlich mit einem bestimmten Gewicht auf dem Wasser. Der Druck beträgt 1 at = 1 kg auf 1 qcm (S. 2). Dieser Luftdruck auf jedes qcm hält einer Wassersäule von gleichem Querschnitt und 10 m Höhe das Gleichgewicht, wenn der Raum über der Wassersäule luftleer ist. Erzeugt man nun einen vollständig luftleeren Raum unter dem Kolben, so wird das Wasser auf eine größte Höhe von 10 m steigen. In Wirklichkeit läßt sich jedoch kein vollständig luftleerer Raum unter dem Kolben erzielen; denn der Kolben schließt nie so dicht gegen die Zylinderwandungen ab. Außerdem reibt sich das Wasser an den Rohrwandungen. Infolgedessen steigt es nur auf eine Höhe von etwa 8 m. Den Abstand vom Wasserspiegel *W* bis zum Wasserstand im Rohr nennt man Saughöhe.

d) Beschreibung und Wirkungsweise der wichtigsten Pumpen.

1. Die einfachwirkende Kolbenpumpe. Bei der Kolbenpumpe wird das Heben und Fördern der Flüssigkeit durch einen scheibenförmigen Maschinenteil, einen Kolben, herbeigeführt. In Abb. 109, 110 und 111 ist eine Kolbenpumpe dargestellt. Sie besteht aus einem Zylinder *A*, der mit seinem untern Ende *B*, dem Saugrohr, ins Wasser ragt. Zwischen Saugrohr und Zylinder befindet sich ein Saugventil *S*, welches sich nur nach oben öffnen kann. Der Kolben *C* kann sich in dem Zylinder auf und ab bewegen. Er ist durchbohrt. Auf der Bohrung befindet sich ein Druckventil *D*, welches sich ebenfalls nur nach oben öffnet.

In Abb. 109 ist der Kolben in seiner tiefsten Stellung. Die Ventile *S* und *D* sind geschlossen. Der Wasserstand im Saugrohr steht mit dem Wasserspiegel *W* außerhalb des Rohres in gleicher Höhe.

Der Kolben wird jetzt, wie Abb. 110 zeigt, nach oben bewegt. Infolge der Saugwirkung öffnet sich das Saugventil *S*, und das Wasser strömt in den Zylinder *A*, bis der Kolben seine höchste Stellung erreicht hat.

Beim Niedergang des Kolbens (Abb. 111) schließt sich das Saugventil *S*, und das Druckventil *D* öffnet sich. Dadurch tritt das Wasser durch die Bohrung über den Kolben.

Wird nun der Kolben wieder aufwärts bewegt, so schließt sich das Druckventil *D* durch den Rückdruck des über ihm befindlichen Wassers. Dieses wird durch das Abflußrohr *E* ins Freie gefördert. Gleichzeitig öffnet sich wieder das Saugventil *S*, durch das neuerdings Wasser angesaugt wird.

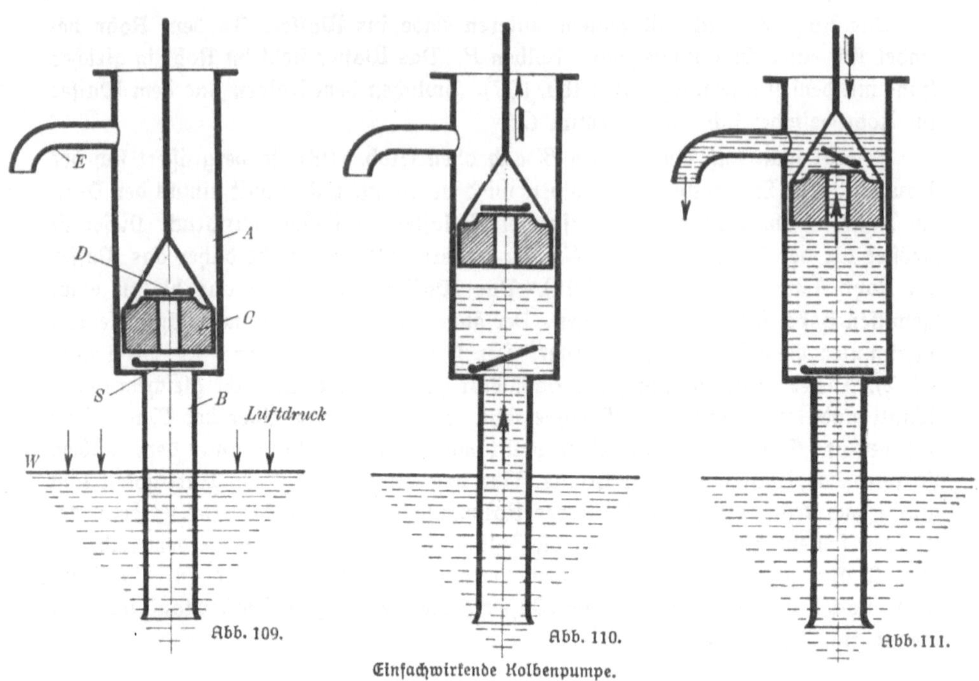

Einfachwirkende Kolbenpumpe.

Die Wirkungsweise der Kolbenpumpe ist also folgende:

Beim Aufwärtsgang des Kolbens wird unter ihm Wasser angesaugt. Zu gleicher Zeit wird über ihm Wasser weggeführt. Beim Abwärtsgang tritt nur das in den Zylinder angesaugte Wasser über den Kolben. Dies erfordert keinen wesentlichen Arbeitsaufwand. Es wird also nur während eines Hubes, der Aufwärtsbewegung des Kolbens, Arbeit geleistet. Eine solche Pumpe nennt man einfachwirkend.

2. Die einfachwirkende Plungerpumpe. Die Plungerpumpe arbeitet nicht mit einem scheibenartigen, sondern mit einem langgestreckten Kolben, den man Plunger nennt. Abb. 112 zeigt eine Plungerpumpe. Sie besteht aus dem Plungergehäuse A, in dem sich der Plunger B auf und ab bewegen kann. Er wird durch die Stopfbüchse C nach außen abgedichtet. Mit seinem unteren Ende taucht der Plunger in den Pumpen=raum. Der Pumpenraum wird unten durch das Saugventil S und oben durch das Druckventil D abgeschlossen.

Die Wirkungsweise der Pumpe ist folgende:

Bewegt sich der Plunger nach oben, so öffnet sich infolge der Saugwirkung das Saugventil S. Das Wasser wird angesaugt und tritt in den Pumpenraum. Bei der Abwärtsbewegung des Plungers schließt sich das Saugventil S durch sein Eigengewicht. Das Druckventil D öffnet sich, und das Wasser wird in die Druckleitung E gedrückt. Von hier wird es weitergeleitet. Bei dem folgenden Aufwärtsgang des Plungers wird wieder Wasser angesaugt. Vorher jedoch schließt sich das Druckventil D durch sein Eigengewicht, so daß kein Wasser aus der Druckleitung E zurückfließen kann.

Das Saugen und Fördern des Wassers ist hier auf die Auf= und Abwärts=

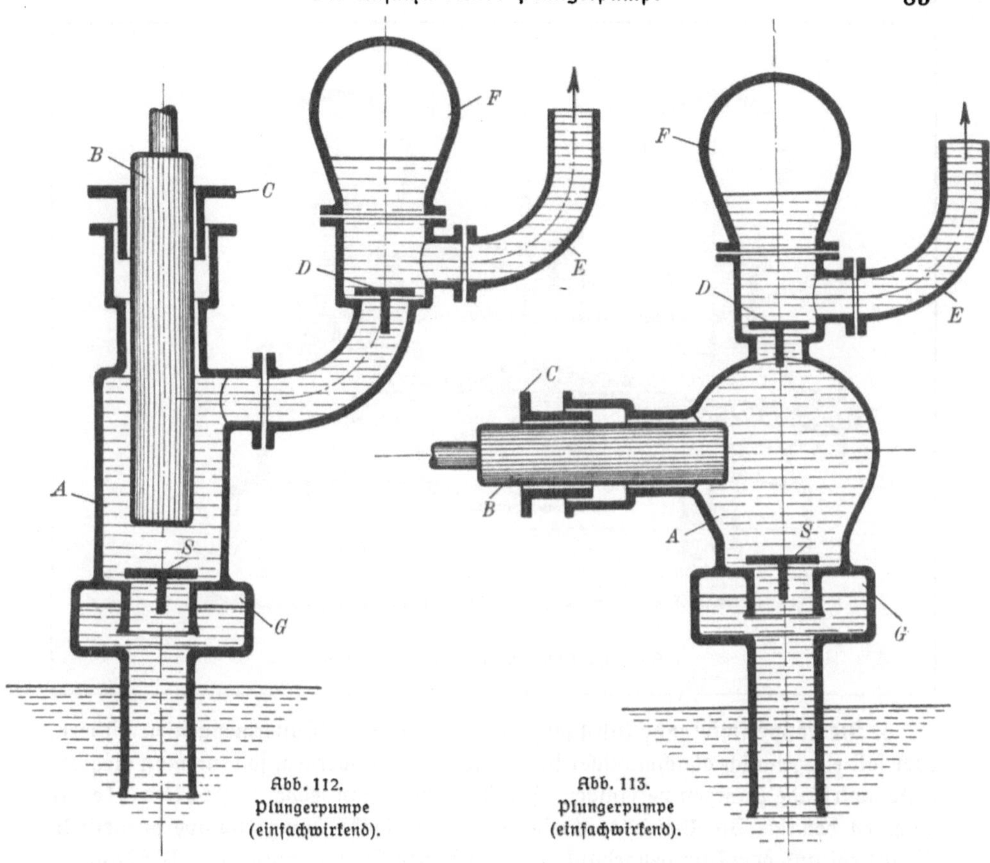

Abb. 112.
Plungerpumpe
(einfachwirkend).

Abb. 113.
Plungerpumpe
(einfachwirkend).

bewegung des Plungers verteilt. Beim Aufwärtsgang haben wir Saugen, beim
Abwärtsgang Fördern oder Drücken. Es wird jedoch ebenso wie bei der bespro=
chenen Kolbenpumpe nur bei einem Hub Wasser gefördert. Die Plungerpumpe
Abb. 112 ist auch einfachwirkend.

Abb. 113 zeigt die einfachwirkende Plungerpumpe mit liegend angeordnetem
Plunger, während die Pumpe Abb. 112 einen stehend angeordneten Plunger hat.
Die Wirkungsweise der Pumpe Abb. 113 ist die gleiche wie die der Pumpe Abb. 112.

Der am Ende des Druckrohres E ins Freie tretende Wasserstrom fließt nicht
gleichmäßig, sondern ruckweise. Wenn sich am Ende des Druckhubes das Druckventil D
schließt, kommt plötzlich die Flüssigkeitssäule im Rohr E zur Ruhe. Dadurch ent=
steht ein Schlag in der Leitung, der sich oft auf die ganze Pumpe überträgt. Dieser
Übelstand läßt sich durch einen Druckwindkessel F vermeiden. Dies ist ein Luft=
behälter. Die in ihm eingeschlossene Luft wird durch den Druck der Wassersäule
zusammengedrückt und wirkt wie ein federndes Kissen auf die Flüssigkeit. Die Saug=
leitung mündet in einen Saugwindkessel G. Dieser ermöglicht ein gleichmäßiges
Zuströmen des Wassers und vermeidet ebenfalls das Auftreten von Schlägen in
der Saugleitung.

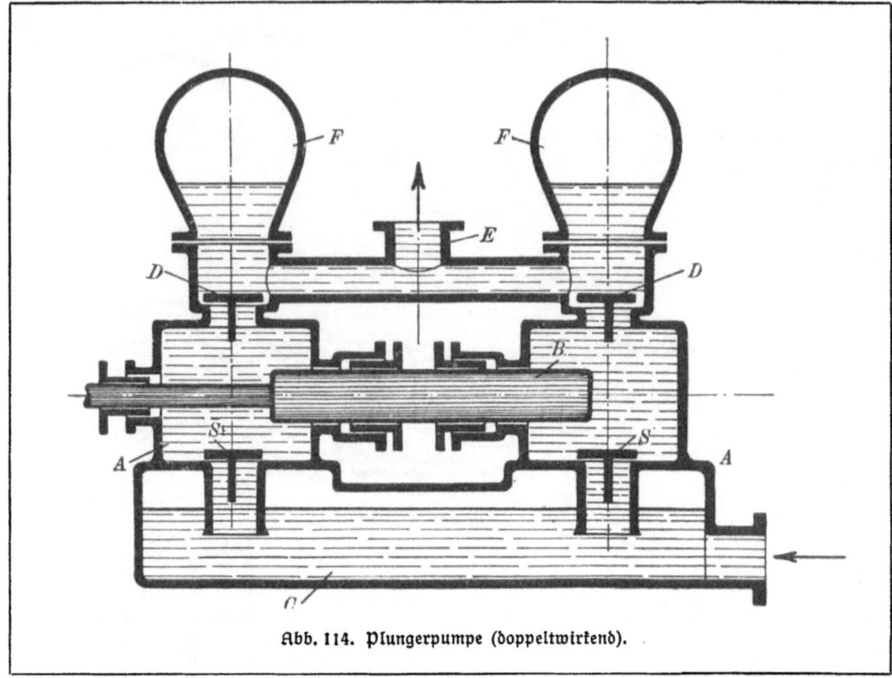

Abb. 114. Plungerpumpe (doppeltwirkend).

3. Die doppeltwirkende Plungerpumpe. Sind große Wassermengen zu fördern, oder soll ein ziemlich gleichmäßiger Wasserstrom erzielt werden, so kann man mehrere einfachwirkende Pumpen vereinigen. Meist werden dann jedoch doppeltwirkende Pumpen benutzt. In Abb. 114 ist eine doppeltwirkende Plungerpumpe dargestellt. Sie besteht aus dem Pumpengehäuse mit den beiden Pumpenräumen A. Der Plunger B kann sich hin und her bewegen und in die beiden Pumpenräume ein= und aus= tauchen. In jedem Pumpenraum befindet sich ein Saugventil S und ein Druckventil D. Die beiden Saugventile stehen mit dem Saugraum C in Verbindung, die beiden Druckventile mit der Druckleitung E.

Die Wirkungsweise der Pumpe ist folgende:

Der Plunger wird in eine hin und her gehende Bewegung versetzt. Geht er nach links, so öffnet sich das rechte Saugventil. Im rechten Pumpenraum wird Wasser angesaugt. Gleichzeitig öffnet sich auch das linke Druckventil. Das im linken Pumpenraum befindliche Wasser wird in die Druckleitung gedrückt und weiterge= fördert. Hat der Plunger seine äußerste Stellung links erreicht, so steht er einen Augenblick still. Die Saugwirkung wie auch die Druckwirkung hören auf. Das Saug= ventil rechts und das Druckventil links schließen sich. Geht der Kolben jetzt nach rechts, so öffnen sich das Saugventil links und das Druckventil rechts. Links wird Wasser angesaugt, rechts wird Wasser in die Druckleitung gedrückt. So wiederholt sich der Vorgang.

Bei jedem Hub des Plungers wird also Wasser angesaugt und fortgedrückt. Eine solche Pumpe nennt man doppeltwirkend.

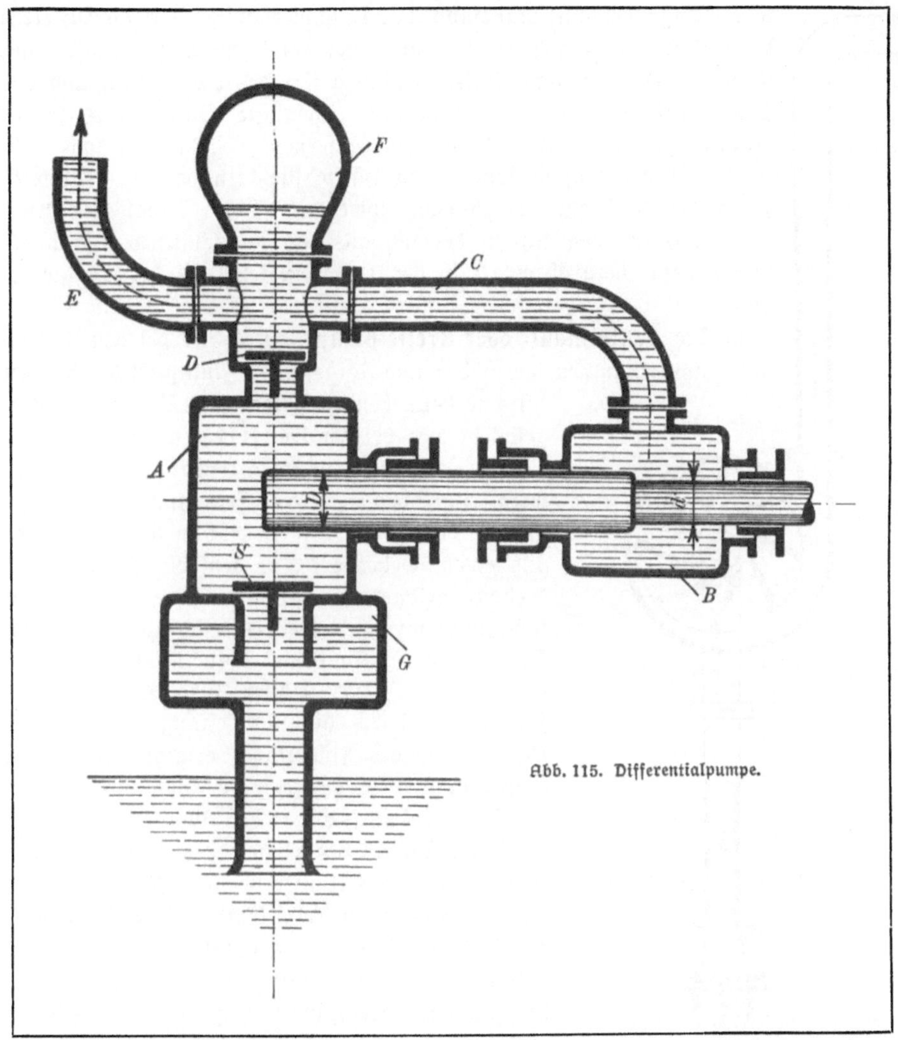

Abb. 115. Differentialpumpe.

4. Die Differentialpumpe. Die Differentialpumpe ist auch eine Plungerpumpe. Der Plunger hat hier, wie Abb. 115 zeigt, eine Abstufung. Der Durchmesser d des kleinen Teiles ist so gewählt, daß sein Querschnitt halb so groß ist, wie der Querschnitt des großen Teiles mit dem Durchmesser D. Der Plunger kann hin und her bewegt werden. Er taucht mit seinem großen Durchmesser in den Pumpenraum A ein, der ein Saugventil S und ein Druckventil D hat. Der Teil des Plungers mit dem kleinen Durchmesser taucht in den Druckraum B ein.

Die Wirkungsweise der Differentialpumpe ist folgende:

Geht der Plunger nach rechts, so öffnet sich das Saugventil S, und im Pumpenraum wird Wasser angesaugt. Gleichzeitig wird aus dem Druckraum B Wasser in die Druckleitung C gedrückt. Die Wassermenge entspricht dem eingedrückten Plungerteil. (Ringquerschnitt mal Hub.) Der Ringquerschnitt bildet die Differenz der beiden Plungerquerschnitte, daher auch der Name Differentialpumpe. Geht der Plunger nach links, so schließt sich das Saugventil, und das Druckventil öffnet sich. Alles vorher angesaugte Wasser wird in die Druckleitung gedrückt. Die ganze Wassermenge gelangt jedoch nicht in die Druckleitung E, sondern die Hälfte fließt in den Druckraum B. Durch den Rückgang des Plungers wird nämlich der Inhalt des Druckraumes B um den Raum, der sich aus Ringquerschnitt mal Hub zusammensetzt, vergrößert. F ist der Druckwindkessel, G der Saugwindkessel.

5. Die Zentrifugal= oder Kreiselpumpe. Während bei den Kolben= und Plungerpumpen das Heben und Fördern der Flüssigkeit durch einen hin und her gehenden Kolben oder Plunger erfolgt, geschieht dies bei der Zentrifugalpumpe durch ein Flügelrad, welches in Umdrehung versetzt wird. In Abb. 116 ist eine Zentrifugalpumpe schematisch dargestellt. Sie besteht in der Hauptsache aus einem Gehäuse A, in dem ein Flügelrad B drehbar gelagert ist. Das Gehäuse ist am Umfang spiralförmig erweitert und mündet in den Druckstutzen C. An diesen schließt sich die Druckleitung D an. Das Wasser wird der Mitte des Flügelrades durch die Saugleitung S zugeführt. Der Antrieb des Flügelrades erfolgt durch einen Elektromotor oder von einer Transmission aus.

Die Wirkungsweise der Pumpe ist folgende:

Beim Antrieb des Flügelrades B in der Pfeilrichtung wird das Wasser von den Flügeln erfaßt und durch die Zentrifugalkraft in das Gehäuse A geschleudert. Von dort gelangt es in die Druckleitung D und wird weitergeleitet. Je schneller sich das Flügelrad dreht, um so höher wird das Wasser gefördert.

Bei den Kolbenpumpen oder Plungerpumpen schafft sich der Kolben oder Plunger bei Betriebsbeginn einen luftverdünnten Raum. Dadurch wird

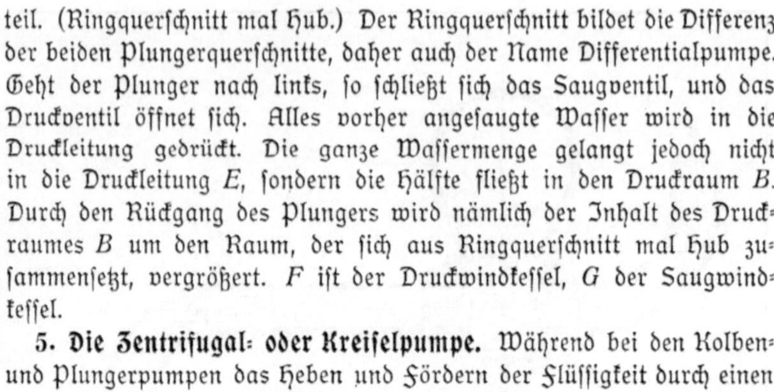

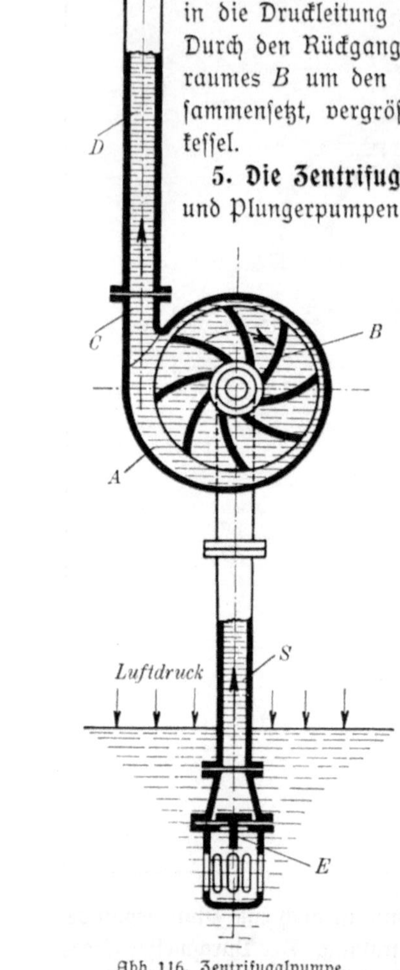

Abb. 116. Zentrifugalpumpe.

das Wasser angesaugt. Das Flügelrad der Zentrifugalpumpe schließt nicht dicht am Umfange des Gehäuses ab, so daß mit ihm kein luftverdünnter Raum erzeugt werden kann. Infolgedessen kann die Zentrifugalpumpe das Wasser bei Betriebsbeginn nicht selbsttätig ansaugen. Sie muß vielmehr vor der Inbetriebsetzung mit Wasser gefüllt werden. Dann erfolgt das Ansaugen des Wassers durch die Einwirkung des atmosphärischen Luftdruckes wie bei der Kolben= und Plungerpumpe. Damit das Wasser nicht aus der Saugleitung zurückfließt, wird am unteren Ende derselben ein sogenanntes Fußventil E angebracht (Abb. 116).

6. Die Zahnradpumpe. Bei der Zahnradpumpe Abb. 117 erfolgt das Heben und Fördern der Flüssigkeit durch Zahnräder. Sie besteht im wesentlichen aus dem Gehäuse A, in dem die beiden Zahnräder B drehbar gelagert sind. Die Zahnräder schließen rechts und links an dem halbkreisförmigen Umfang des Gehäuses dicht ab.

Die Wirkungsweise der Zahnradpumpe ist folgende:

Die Zahnräder werden in Umdrehung versetzt, z. B. durch einen Riementrieb. Hierdurch entsteht im Saugraum S eine Saugwirkung, und die Flüssigkeit wird angesaugt. Die Zahnlücken erfassen die Flüssigkeit und drücken sie durch den Druckraum D in die Druckleitung.

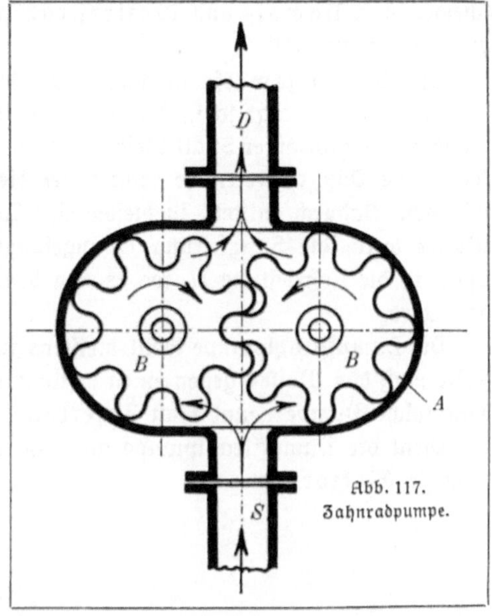

Abb. 117.
Zahnradpumpe.

7. Die Strahlpumpe. Bei der Strahlpumpe erfolgt das Ansaugen und Fördern einer Flüssigkeit mit Hilfe eines Wasser- oder Dampfstrahles. Danach unter-

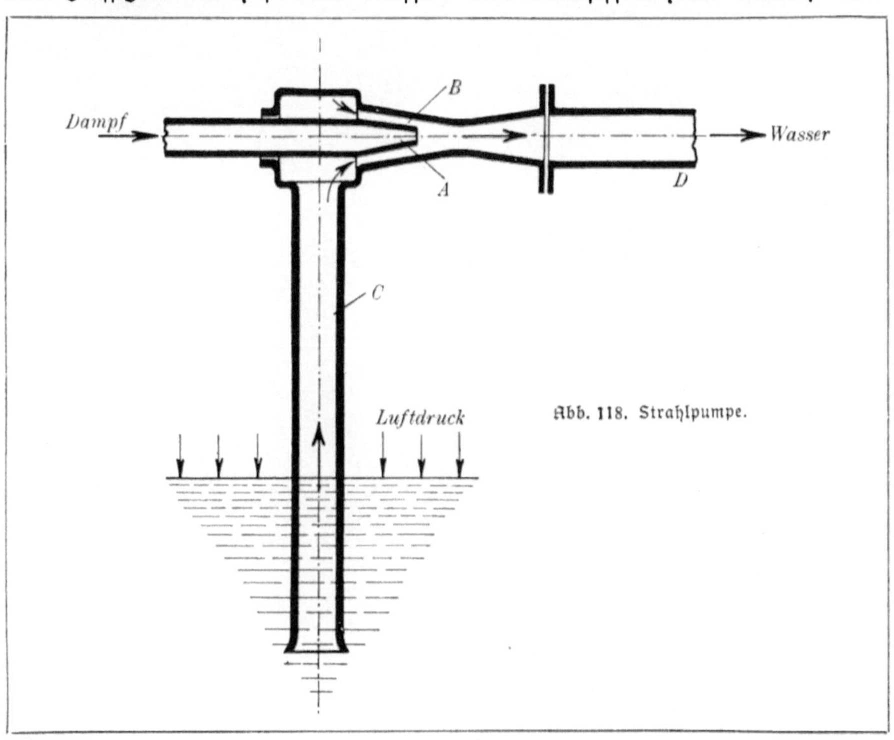

Abb. 118. Strahlpumpe.

scheidet man Dampf- und Wasserstrahlpumpen. Meist werden Dampfstrahlpumpen angewandt.

Die Wirkungsweise ist nach Abb. 118 folgende:

Eine Düse *A* ragt so in den Raum *B*, daß zwischen der Düse und der Raumwand ein ringförmiger Spalt bleibt. Läßt man nun Dampf mit großer Geschwindigkeit in die Düse eintreten, so reißt dieser die in dem Raum *B* befindliche Luft mit sich fort. Dadurch entsteht in diesem eine Luftverdünnung. Infolgedessen wird das Wasser durch die Saugleitung *C* angesaugt. Es strömt durch den ringförmigen Spalt in die Rohrleitung *D*, wo es von dem Dampf mitgerissen und weiter gefördert wird.

Die Dampfstrahlpumpe dient meistens zum Speisen der Dampfkessel. In diesem Falle muß das Wasser gegen einen bestimmten Druck (10—15 at) gefördert werden. Eine solche Pumpe nennt man Injektor.

Dient die Dampfstrahlpumpe nur zum Ansaugen von Flüssigkeit, so nennt man sie Ejektor.

Das Eisenhüttenwesen

Von Geh. Bergrat Prof. Dr. *H. Wedding.* 7. Aufl. von Bergassessor Dipl.-Ing. *Fr. W. Wedding.* Mit 22 Abb. [128 S.] kl. 8. (ANuG Bd. 20.) Geb. $\mathcal{RM}$ 2.—

„Der Band enthält alle neueren Fortschritte des Eisenhüttenwesens und gibt in Wort und Bild eine klare und erschöpfende Übersicht über Entwicklung und Stand aller einschlägigen Eisenfragen. Er ist wegen seiner schlichten Darstellung und vorzüglichen Stoffgliederung im besonderen Maße für Berufsschulen geeignet und daher zu empfehlen." (Werkschulleit. Dr. Dehning, Berlin, in: Ztschr. f. Berufs- u. Fachschulw.)

Die neueren Wärmekraftmaschinen

Von Geh. Bergrat Prof. *R. Vater.* Neuaufl. von Prof. Dr. *Fr. Schmidt.* I.: Einführung i. d. Theorie u. d. Bau der Gasmaschinen. 6. Aufl. Mit 45 Abb. [121 S] kl. 8. (ANuG Bd. 21.) II.: Gaserzeuger, Großgasmaschinen, Gas- und Dampfturbinen. 5. Aufl. Mit 46 Abb. [116 S.] kl. 8. (ANuG Bd. 86) Geb. je $\mathcal{RM}$ 2.—

„Die beiden Bändchen bieten einen vorzüg ichen Überblick. Die Darstellung ist anschaulich. Sie wird unterstützt durch zahlreiche Figuren. Die wirtschaftlichen Verhältnisse sind nicht nur zahlenmäßig belegt, sondern auch in vergleichenden Übersichten noch besonders eindrucksvoll beleuchtet. Die Bände können sehr empfohlen werden." (Unterr.-Bl. f. Math. u. Naturwiss.)

Die Dampfmaschine

Von Geh. Bergrat Prof. *R. Vater.* In 2 Bänden. Neuauflagen bearb. von Prof. Dr. *Fr. Schmidt.* Bd. I. Wirkungsweise des Dampfes im Kessel und in der Maschine. 6. Aufl. Mit 38 Abb. [VI u. 10 S.] 8. Bd. II.: Ihre Gestaltung u. Verwendung. 4. Aufl. Mit 93 Abb. [VI u. 107 S.] 8. (ANuG Bd. 393/94.) Je $\mathcal{RM}$ 2.—

„Der geschickte Aufbau des Inhalts, die meisterhafte klare Sprache unterstützt durch vorbildliche, das Wesentliche scharf hervorhebende Schemazeichnungen und gute Lichtbilder machen das Werkchen geeignet dazu, eine klare Vorstellung von den grundlegenden Dampfmaschinenfragen zu geben." (Dinglers polytechn. Journal.)

Hebezeuge

Hilfsmittel zum Heben fester, flüssiger und gasförmiger Körper. Von Geh. Bergrat Prof. *R. Vater.* 3., erw. Aufl. Bearb. von Prof. Dr. *Fr. Schmidt.* Mit 75 Abb. i. T. [112 S.] 8. (ANuG Bd. 196.) Geb. $\mathcal{RM}$ 2.—

„So zeigt dieser f üchtige Überblick die Reichhaltigkeit des Büchleins und die große Bedeutung des in ihm behandelten Stoffes. Zu rühmen ist die klare, sprachlich mustergültige Form des Buches, dessen Anschaffung warm empfohlen wird." (Sächs. Gewerbeschule.)

Die Maschinenelemente

Von Geh. Bergrat Prof. *R. Vater.* 5., erw. Aufl. Bearbeitet von Prof. Dr. *Fr. Schmidt.* Mit 187 Abb. [119 S.] 8. (ANuG Bd. 301.) Geb. $\mathcal{RM}$ 2.—

„In gerade u meisterhafter Weise hat der Verfasser mit einigen Strichen stets das Wesentliche eines Maschinenteiles, einer maschinellen Einrichtung unter strenger Vermeidung alles Erschwerenden und Ablenkenden in einer Skizze festgelegt, so daß sie auf den ersten Blick verständlich ist." (Zeitschrift für das Berg-, Hütten- und Salinenwesen.)

Maschinenbau

Von Studiendir. Ing. *O. Stolzenberg.* Bd. I: Werkstoffe u. ihre Bearbeitung auf warmem Wege. 2., erw. Aufl. Mit 336 Abb. [IV u. 217 S.] gr. 8. Geb. $\mathcal{RM}$ 9.— [*Best.-Nr. 9254*]. Bd. II: Arbeitsverfahren. 2., verb. Aufl. Mit 794 Abb. [V u. 334 S.] gr. 8. Geb. $\mathcal{RM}$ 14.— [*Best.-Nr. 9255*]. Bd. III: *Handbuch für den Lehrer:* Methodik der Fachkunde und Fachrechnen. Mit zahlr. Abb. 2. Aufl. [In Vorb. 1928.] [*Best.-Nr. 9256*]

„Um gleich den Hauptvorzug des Werkes zu nennen: es ist modern! Die zahlreichen Textfiguren, besonders die technischen und schematischen Skizzen, sind klar, neuzeitlich und charakteristisch. Durch gelegentliche Hinweise auf die Bedeutung moderner Fabrikorganisation (Grundriß einer Musterwerkstatt) und wirtschaftliche Belehrung (statistische, graphische Angaben) entsprechen die Bände durchaus den gegenwärtigen Forderungen." (Werft und Reederei.)

Verlag von B. G. Teubner in Leipzig und Berlin

Buchstabenrechnen für Metallarbeiterklassen an gewerblichen Berufsschulen, für Werkschulen und verwandte Fachschulen der Maschinenindustrie. Von Studienrat Dipl.-Ing. Prof. Dr. *S. Jakobi* u. Maschinenbauschuloberlehrer *A. Schlie.* 3. Aufl. Mit 32 Abb. [IV u. 76 S.] gr. 8. (Lehrm. f. gewerbl. Berufsschulen, Heft 5.) Kart. $\mathcal{RM}$ 1.60 *[Best.-Nr. 9105]*

„Das Bändchen ist vorzüglich geeignet, den Maschinenbauerlehrling mit der raschen Lösung und Umformung einer einfachen Gleichung, dem Finden und Lösen des Ansatzes für eine Textaufgabe und dem Tabellenrechnen vertraut zu machen, ihm damit diejenigen Kenntnisse zu vermitteln, die zum Verständnis und zur Lösung der einfachsten Aufgaben aus dem Gebiete der Mechanik und Festigkeitslehre erforderlich sind." (Dir. R. Haupt i. d. Berufsschule.)

Elementarmathematik und Technik. Eine Sammlung elementarmath. Aufgaben mit Beziehungen z. Technik. Von Prof. Dr. *R. Rothe.* Mit 70 Abb. [IV u. 52 S.] kl. 8. (Math.-Phys. Bibl. Bd. 54.) Kart. $\mathcal{RM}$ 1.20

„Der große Vorzug dieses Buches ist darin zu suchen, daß die Aufgaben in weitgehendster Weise der wirklichen Praxis entnommen sind. Die langjährige Lehrererfahrung des Verfassers wird hier in vorzüglicher Weise ausgewertet, und es ist zu hoffen, daß dadurch vielen, die lehrend die angewandte Mathematik behandeln, ein gutes Beispiel und manche Anregung gegeben wird. Das Buch ist auf das wärmste zu empfehlen." (Der elektr. Betrieb.)

Natur und Werkstoff. Grundlehren der Physik, Chemie, Werk- und Betriebsstoffkunde. Für Fachschulen und für den Selbstunterricht. Von Regierungsbaumeister Dir. Prof. *F. Titz.* Mit 37 Abb. und 2 Skizzentafeln. [IV u. 119 S.] gr. 8. Kart. $\mathcal{RM}$ 2.— *[Best.-Nr. 8107]*

„Der Wert des Buches für den Unterricht an Fachschulen liegt vorwiegend in seinem engen Zusammenhang mit der Technik und Praxis. Es ist einfach und klar geschrieben, regt Lehrer und Schüler zu selbständigem Arbeiten an und wird durch einfache gute Abbildungen unterstützt. Es kann allen technischen Berufsschulen für die Hand des Lehrers warm empfohlen werden." (Zeitschr. f. d. Berg-, Hütten- u. Salinenwesen im Preußischen Staate.)

Festigkeitslehre für metallgewerbliche Schulen und zum Selbstunterricht. Leichtverständlich dargestellt von Ingenieur *E. Schnack,* Gewerbeoberlehrer in Kiel. Etwa 112 Seiten mit 250 Abb. und vielen Übungsbeispielen. [U. d. Pr. 1928]

Die Eigenart des Buches liegt in der klaren, handgreiflichen Darstellung und den lebensvollen, fesselnden Abbildungen (perspektivisch). Dadurch wird ein Höchstmaß von Anschaulichkeit und Leichtverständlichkeit erzielt. Deshalb nimmt das Buch einen besonderen Platz ein unter den zahlreichen Lehrbüchern, die es auf diesem für das technische Schaffen grundlegenden Gebiet gibt. Es ist wie kaum ein anderes geeignet für den Gebrauch an gewerblichen Berufsschulen, Handwerkerschulen, Industrie-, und Gewerbeschulen, Werkschulen, für die Abend- und Sonntagsschulen sowie zum Selbstunterricht.

Zeichnen fürs werktätige Leben. Seine Grundlegung in der Volksschule. Für die Hand des Lehrers bearbeitet von Berufsschulvorsteher *W. Knapp.* Mit 200 Abb. im Text. [VI u. 75 S.] 8. Kart. $\mathcal{RM}$ 4.—

„Eine ganz vorzügliche Sammlung von typischen Aufgaben samt ausgeführten Lösungen, welche einer auf Arbeitsfreudigkeit der Schüler glücklich abzielenden Unterrichtstätigkeit entsprossen sind." (Fachschule.)

Das Zeichnen der konstruierenden Berufe (Metall-, Holz- u. Steinarbeiter) in gemischtberuflichen Klassen kleiner Berufsschulen. Von Oberreg.- und Gewerbeschulrat Prof. *W. Hecker* und Reg.- und Gewerbeschulrat Dipl.-Ing. *G. Gagel.* 2. Aufl. Mit 331 Abb. i. T., 6 Tafeln, zahlr. Zeichnungen auf 46 Blättern und 8 Normalblättern. [VI u. 228 S.] gr. 8. Geb. $\mathcal{RM}$ 10.—

„Das Buch verrät überall den geschickten Lehrer. Ein solcher lebensvoller Unterricht löst Freude aus beim Schüler wie beim Lehrer. Die Verfasser haben sich mit diesem Werk ein bleibendes Verdienst um die kleinen Berufsschulen erworben. Es kann auf das wärmste empfohlen werden." (Die Berufsschule.)

Im Anschluß an das Zeichnen der konstruierenden Berufe erschien:

Lehrplan für das Zeichnen der konstruierenden Berufe in gemischtberuflichen Klassen gewerblicher Berufsschulen. Von Oberreg.- und Gewerbeschulrat Prof. *W. Hecker,* Oberreg.-Baurat Prof. *Lohmann* und Oberreg.-Rat Prof. Dipl.-Ing. *C. E. Böhm.* Mit 19 einseitig bedruckten Tafeln und 4 Seiten Text. 2. Aufl. In Mappe $\mathcal{RM}$ 1.80

Er bringt, methodisch geordnet, eine Sammlung von Aufgaben für das Zeichnen der Bau- und Maschinenschlosser und Schmiede, für Tischler und Zimmerer und für Maurer in einem Umfange, wie er im günstigsten Falle in kleinen Schulen erledigt werden kann.

Verlag von B. G. Teubner in Leipzig und Berlin

(Fortsetzung siehe 4. Umschlagseite.)

Verlag von B. G. Teubner in Leipzig und Berlin